后浪出版公司

A Wild Child's Guide to Endangered Animals

地球上最孤单的动物

43种濒危动物插画集

[英]米莉·玛洛塔 著　　孙依静 译

四川美術出版社

图书在版编目（CIP）数据

地球上最孤单的动物：43 种濒危动物插画集 /（英）米莉 · 玛洛塔著；孙依静译 . -- 成都：四川美术出版社，2019.12（2022.4 重印）
书名原文：A Wild Child's Guide to Endangered Animals
ISBN 978-7-5410-8884-1

Ⅰ. ①地… Ⅱ. ①米… ②孙… Ⅲ. ①濒危动物—普及读物 Ⅳ. ① Q111.7-49
中国版本图书馆 CIP 数据核字 (2019) 第 210574 号

著作权合同登记号 图进字 21-2019-456

地球上最孤单的动物：43 种濒危动物插画集

DIQIU SHANG ZUI GUDAN DE DONGWU: 43 ZHONG BINWEI DONGWU CHAHUAJI

［英］米莉 · 玛洛塔（Millie Marotta）著　孙依静 译

选题策划	后浪出版公司	出版统筹	吴兴元
编辑统筹	郝明慧	责任编辑	唐海涛
特约编辑	刘叶茹	责任校对	陈　玲
责任印制	黎　伟	营销推广	ONEBOOK
装帧制造	墨白空间 · 张静涵		
出版发行	四川美术出版社 （成都市锦江区金石路239 号 邮编：610023）		
成品尺寸	250mm×310mm		
印　　张	14		
字　　数	58千字		
图　　幅	112幅		
印　　刷	天津图文方嘉印刷有限公司		
版　　次	2019年12月第1版		
印　　次	2022年4月第5次印刷		
书　　号	978-7-5410-8884-1		
定　　价	99.80 元		

读者服务：reader@hinabook.com 188-1142-1266
投稿服务：onebook@hinabook.com 133-6631-2326
直销服务：buy@hinabook.com 133-6657-3072
网上订购：https://hinabook.tmall.com/（天猫官方直营店）

地球上
最孤单的动物

43 种濒危动物插画集

小时候，各种各样的动物都令我着迷不已。大的、小的、长毛的、短毛的，水里游的、陆上跑的、空中飞的、地面爬的，我都想了解。长大后，我对自然界的热爱一如孩提时代。不过，在我一生中，动物世界发生了很多变化。时至今日，我们失去物种的速度已远远大于发现新物种的速度。

根据《世界自然保护联盟濒危物种红色名录》，我们得以了解到全球各地不同动物的生存现状，并对它们的灭绝风险进行评估。目前已有近 97000 个物种参与评估，遗憾的是，其中有超过四分之一的物种面临灭绝。威风凛凛的大象、憨态可掬的大熊猫、魅力无限的黑猩猩、凶猛健壮的北极熊，它们的艰难处境我们都有所耳闻，但那些较少提及的濒危物种呢？比如地底世界的洞螈，渡渡鸟失散多年的表亲巨型螯虾，还有数量和体形都急剧缩减的驯鹿，它们同样需要我们的关注和帮助。

至于要将哪些动物纳入本书，这是个艰难的任务。我先是从《世界自然保护联盟濒危物种红色名录》着手，再从《国家地理》杂志、世界野生动物基金会以及其他在线资源中寻找相关动物的补充资料，最后，我选择了来自全球不同栖息地的一些鸟类、无脊椎动物、鱼类、哺乳动物、

爬行动物和两栖动物。

书中的每一种动物都是独一无二的：喜欢冒充别人的昆虫，擅长回收利用的甲虫，在半空睡觉的鸟儿和在沙漠中栖息的鱼。每一种动物都诉说着动物界的绚烂多彩，同时也警醒着我们：每失去一个物种，这生机盎然的世界便多遭受一分损失。

随书畅游，从海洋到森林，从沙漠到苔原，你会邂逅各种各样将这些地方视为家园的濒危动物。如果你想为它们的生存繁衍做点什么，在本书最后，我也给你出了点主意。

我希望你会像我一样爱上这些生灵，我也希望通过歌颂这些为生存拼尽全力的美丽野兽来启发下一代的保护主义者、自然主义者、生物学家、动物学家、志愿者和热爱大自然的人们。没有什么比我们的动物世界更加真实，每一种动物都值得在这大千世界中占有一席之地。

Millie Marotta

米莉・马洛塔

海洋

我们的海洋覆盖了地球表面的百分之七十以上，有大西洋、太平洋、印度洋和北冰洋；它们共同组成了地球上最大的栖息地。海洋是地球生命的起源，它们依旧承载着最多样的生命。从温暖的热带珊瑚礁到深海海沟，从寒冷的极地到浅海草床，万花筒般缤纷的生物在海洋这片栖息地中蓬勃生长。

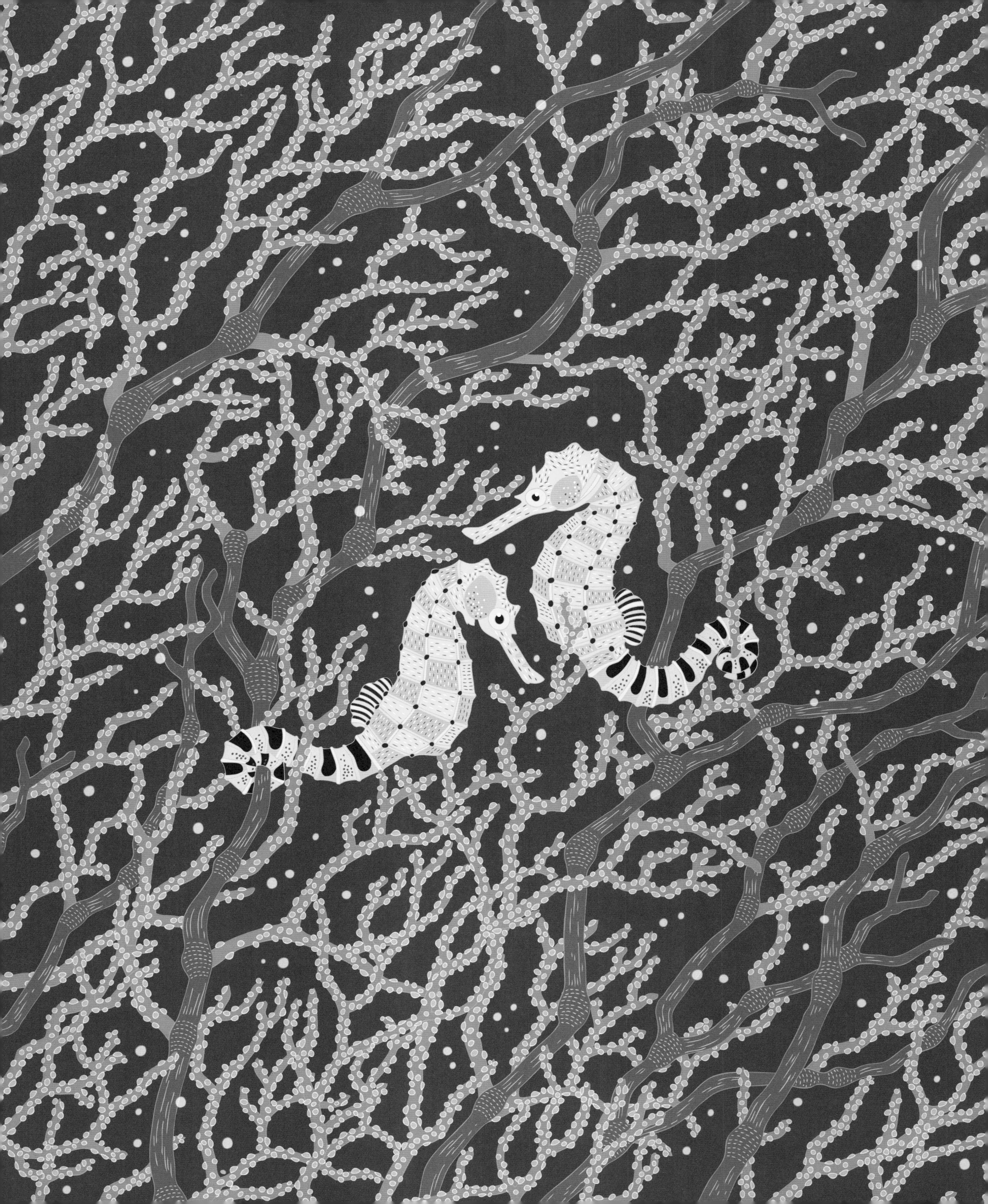

挚爱唯一

虎尾海马

海马是仅有的由雄性受孕的三种动物之一（其余两种是海龙和叶海龙）。有些品种的海马在繁殖期间会忠于自己的伴侣，每日以舞蹈求偶示爱。另一些更是专情，终其一生只守着一个伴侣，这其中就有虎尾海马——因其独特的条纹尾巴而得名。

繁殖期间，雌海马将卵子产到雄海马下腹部的育子囊中。雄海马在育子囊中使卵受精，并把受精卵安全地藏在里头，给其提供营养，直到它们发育成形。两到三周后，雄海马将数百只发育完全、个头迷你的虎尾海马喷射入水中。体长仅有一厘米的海马宝宝一出生便具备了独立生存的本领，无需依赖父母，自己就顺着海流慢慢漂走了。

海马游起泳来相当笨拙，捕食时只能依靠偷袭和伪装。它们将自己固定在一片珊瑚上，通过改变身体颜色营造伪装，既能躲过捕食者，又避免惊动猎物。只见它们竖起没有牙齿的管状口吻，严阵以待，等着吸食路过的美味鳃足虫。

安能定我是雌雄?

曲纹唇鱼

红海珊瑚礁中，一条年轻的雌性曲纹唇鱼从深海洞穴中钻出来，外出觅食。它能吃下大量的螃蟹、龙虾、海参……种类之多，应有尽有。它还是为数不多的能愉快享用有毒的棘冠海星的物种之一。这种海星以生长中的珊瑚为食，捕食海星的曲纹唇鱼其实也在守护着自己的栖息地。由于渔业捕捞滥用炸药和氰化物，曲纹唇鱼的家园已惨遭破坏。捕食时，曲纹唇鱼得时刻留心偷猎者：身为东南亚最昂贵的鱼类之一，它极易遭遇捕捞。

它约在七岁时进入交配期。到九岁时，体形要比大多数同龄雌鱼大。随着它越长越大，肤色也悄悄发生改变，从锈橘红色慢慢地转为鲜艳的蓝绿色，卵巢也随之退化，并发育出睾丸。不可思议的是，它不仅改变了性别，还蜕变成占主导地位的雄性，被称为“超级雄鱼”。超级雄鱼体长可达两米，重 190 千克，比两名普通成年男子还重，堪称同类中的庞然大物。只有体形最大的雌曲纹唇鱼才有机会长成超级雄鱼，然后同雌鱼交配。它们将从此保持雄性特征。

滑溜溜的奥德赛

欧洲鳗鲡

千万年来，北大西洋中部的马尾藻海严守着一个秘密：欧洲鳗鲡的幼鱼在这里孵化，随后踏上一段长达数十年的旅程。幼鱼呈透明叶状，体长仅一厘米。在长达三年的时间里，它们跟随海洋漂流 5500 千米，最终抵达欧洲海岸。它们聚集在河口，长成微型成鱼，又称幼鳗。

雄性鳗鲡通常就在此逗留，而雌性鳗鲡则逆流而上，到欧洲的江河湖泊中寻找栖身之地。它们北至挪威，南到埃及，可能会在那些地方待上 20 年，直到自己长到一米长。然后，在一个没有月亮、狂风暴雨的秋日夜晚，它们会怀着势不可挡的渴望回到出生地，在马尾藻海深处产卵，最终死去。

人们素来只知鳗鲡生活在淡水中，却苦于找不到鱼卵，无缘见到其繁殖过程。多年来，关于其神秘身世，流传着种种令人啼笑皆非的传说：有的说鳗鲡宝宝是从其他鱼类的鳃中诞生的，有的则说它们是从落入河中的马鬃毛里蹦出来的。直到 1914 年，约翰内斯・施密特有了振奋人心的发现：鳗鲡幼鱼原来生于马尾藻海中。

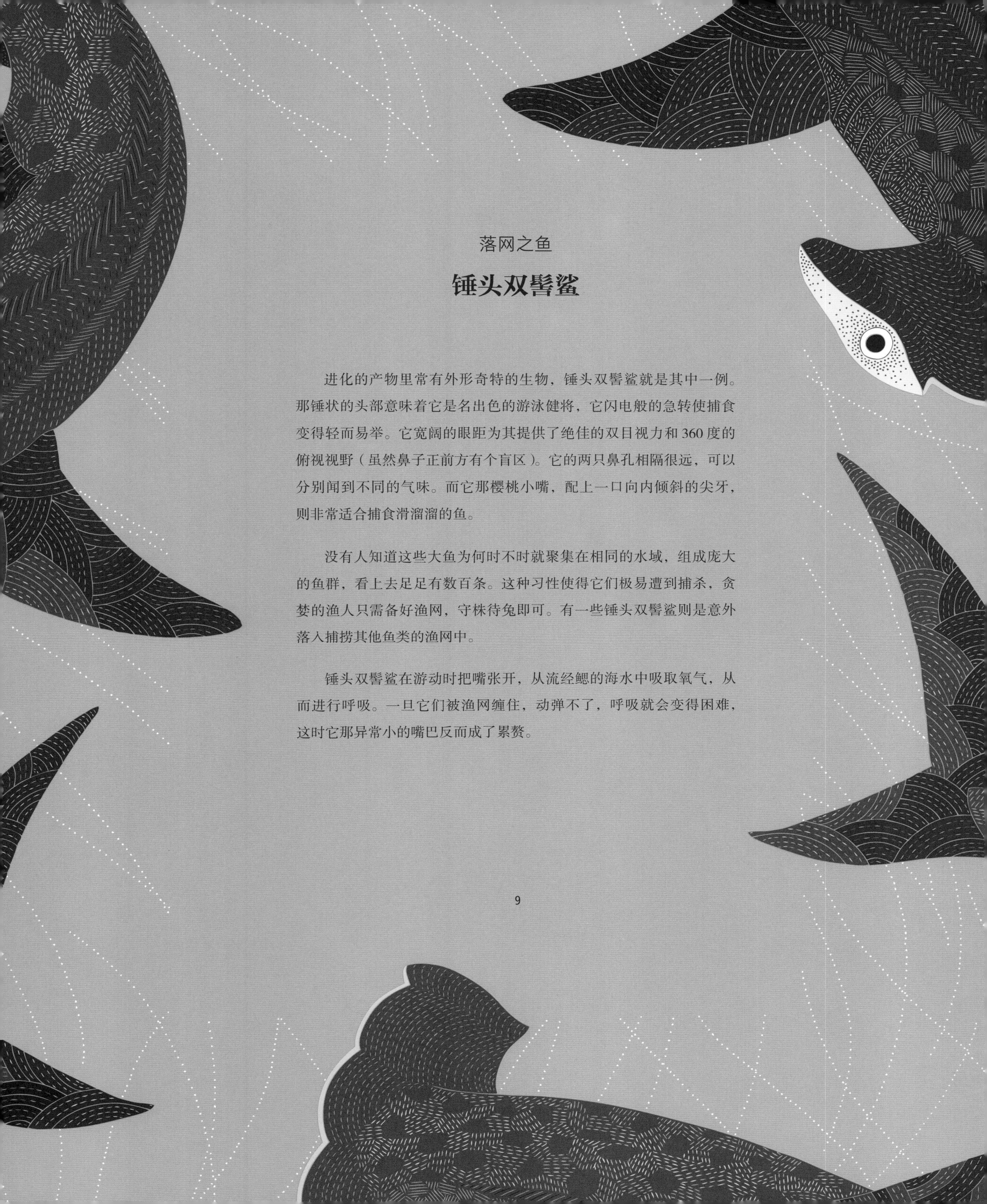

落网之鱼

锤头双髻鲨

进化的产物里常有外形奇特的生物，锤头双髻鲨就是其中一例。那锤状的头部意味着它是名出色的游泳健将，它闪电般的急转使捕食变得轻而易举。它宽阔的眼距为其提供了绝佳的双目视力和360度的俯视视野（虽然鼻子正前方有个盲区）。它的两只鼻孔相隔很远，可以分别闻到不同的气味。而它那樱桃小嘴，配上一口向内倾斜的尖牙，则非常适合捕食滑溜溜的鱼。

没有人知道这些大鱼为何时不时就聚集在相同的水域，组成庞大的鱼群，看上去足足有数百条。这种习性使得它们极易遭到捕杀，贪婪的渔人只需备好渔网，守株待兔即可。有一些锤头双髻鲨则是意外落入捕捞其他鱼类的渔网中。

锤头双髻鲨在游动时把嘴张开，从流经鳃的海水中吸取氧气，从而进行呼吸。一旦它们被渔网缠住，动弹不了，呼吸就会变得困难，这时它那异常小的嘴巴反而成了累赘。

地球卫士

海獭

阿留申群岛，坐落于北太平洋和白令海之间，这里的水温可低至零摄氏度，一切都与世隔绝。不像鲸和海豹，海獭没有厚厚的脂肪。不过，它们可以依靠那一身无比茂密的“皮草外套”。海獭的皮毛比任何动物都要密，每平方英寸[①]的皮肤上长有 25 万到 100 万根毛发——相比之下，人类整个头部的发量也不过 10 万根。

海獭需要靠大量进食来保暖。它们潜入海底，寻找贻贝、海螺、螃蟹和蛤蜊，每天的食量高达自身体重的四分之一。它们还是少数会使用工具的哺乳动物之一，懂得用海底捡来的石头敲开猎物的硬壳。不过真正让它们成为关键物种的，要数它们对海胆的喜爱。

关键物种在生态系统中发挥着至关重要的作用——要是它们消失了，整个生态系统都会受到牵连。海藻能从海水中吸收二氧化碳，维持海洋栖息地的清新空气。可海胆会吞噬海藻林。而海獭恰巧觉得这些多刺的破坏分子十分美味，它们的饮食习性在一定程度上控制了海胆的数量，起到了保护生态环境的作用。

① 1 平方英寸≈ 6.45 平方厘米——译者注

半空小憩

漂泊信天翁

在 22 种信天翁里，漂泊信天翁是当之无愧的长途飞行冠军。一只 50 岁的漂泊信天翁的飞行里程几乎可绕地球 149 圈。借助“动力翱翔”与“斜坡滑翔”等飞行特技，它无需扇动翅膀，便可日行数百里。

它迎着风，凭着上升气流，扶摇直上，眼看就要跃出天际，只见它一个倾身，加速俯冲，为下一次御风而上蓄势，这一特技直叫人拍案称绝。

同样绝妙的是，它能凭借灵活的肩锁关节有效节省体力。有了这对肩锁结构，漂泊信天翁得以不费肌肉之力而保持双翼舒展，它在飞翔时能锁住双翼，让半边大脑进入睡眠状态，如此一来，它们甚至能在飞行时睡觉。

漂泊信天翁仅在繁殖期时上岸。它每两年才繁殖一次，一次仅养育一只雏鸟。信天翁父母尽心尽力，不远千里，只为带回一餐饱食。小鸟破壳七到九个月后，便能离巢了；一旦展翅，它将在海上生活十年之久。

森 林

森林覆盖陆地面积的三分之一，除南极洲外，各个大陆均有其踪影。茂盛的热带雨林里，一年四季气候温暖，雨量丰沛；温带森林夏暖冬寒，落叶树木每逢秋天便褪去层层树叶；松树和冷杉遍布的北方针叶林夏季短暂，冬季漫长而寒冷。从地被层至茂盛的灌木层，再到参天的林冠层，万千生物占据着森林的每一方空间。

助力进化论

达尔文狐狼

1834 年，当“贝格尔号”在智利奇洛埃岛登陆时，25 岁的达尔文看见了一只当地的狐狸。这种狐狸同大陆的不同，头部较宽，腿偏短，毛发很深。他发现它坐在“贝格尔号”不远处的岩石上，看着水手们登船。

达尔文称它是个新物种，这一论断在 1996 年得到证实。这种狐狸的 DNA 研究数据表明：早在 27.5 万年前，这种狐狸便同其祖先背道而驰，各自踏上了不同的演化之路。事实上，它同狼和豺狼的血缘关系更近，只不过外形进化得更像只狐狸。

我们试图进一步了解这种性情温顺的达尔文狐狼，然而因其数量稀少，这项工作困难重重。据最近一次统计，大陆的达尔文狐狼数量约有 227 只，岛屿上有 412 只，加起来仅 639 只。

狐狸足智多谋，适应力强，从寒冷的北方极地到干旱的沙漠平原，几乎每个栖息地都有它们的身影。然而达尔文狐狼仅在奇洛埃岛这一个角落才被人们有幸见到。近来，人们在其他地区也发现了它们的踪影，这一罕见的发现着实振奋人心：或许达尔文狐狼的种群数量要比早前估计的多得多。

真正的原始物种

小渡渡鸟

1662年，毛里求斯岛上最后一批渡渡鸟消失了。当时，欧洲人，连同他们带来的猪、猫和老鼠捕杀了这些不会飞的鸟儿，致使它们灭绝。时间快进200年，西方探险家误打误撞在萨摩亚群岛茂密的森林中发现了它们现存最古老的亲戚——小渡渡鸟。

想要看到小渡渡鸟绝非易事。它们神秘异常，只生活在萨摩亚群岛上，是萨摩亚国鸟，当地人称它们为“马努米亚”。小渡渡鸟的体形仅比黑鸟大几厘米，周身深色的羽毛充当了绝妙的伪装。自2013年以来，人们只见过它们一次。此前整整十年里，它们都不见踪影。

这些神秘的鸟儿是捉迷藏的好手，别看它身体敦实，翅膀短小，在林间穿梭时，速度惊人，轻易就躲过了科学家的追踪。我们找不到关于它们鸟巢的记录，不知道它们把巢筑在树上还是地上，我们也不了解它们究竟存活了多久。不过，有一点我们可以肯定，这独一无二的鸟儿和地球上的任何现存物种都不是同类，它们是真正的原始物种。

溺爱的父母

突角囊蛙

有袋动物是哺乳动物的一种，它们的幼崽在发育初期便早早降生了。出生后，生活尚不能自理的幼崽爬到母亲腹部的育儿袋中，在那里吸奶长大，直至发育完全。较有代表性的有袋动物有袋鼠和考拉。

突角囊蛙不属于哺乳类，它同其他青蛙一样是两栖类，不过它们有点儿特立独行。不像大多数青蛙在水中产卵，这种雌蛙把受精卵安全地藏在后背的小口袋里，蛙卵借以躲过了饥肠辘辘的捕食者，继而发育成小蝌蚪，长出小角和其他器官。60 到 80 天后，小蝌蚪便发育完全，长成一只只幼蛙。早在四千万至六千万年前，这种蛙就进化出了这种类似于有袋动物的繁殖方式，为自己毫无防御能力的后代挺身而出，充当贴身保镖。

然而，一种传染性真菌正席卷全球，对两栖动物造成致命性打击，哪怕是最谨慎的突角囊蛙父母也束手无策。目前，该病菌对野生青蛙的危害尚无法避免。幸运的是，在巴拿马，一项旨在保障这些蛙未来生息繁衍的育种计划已取得初步成果。

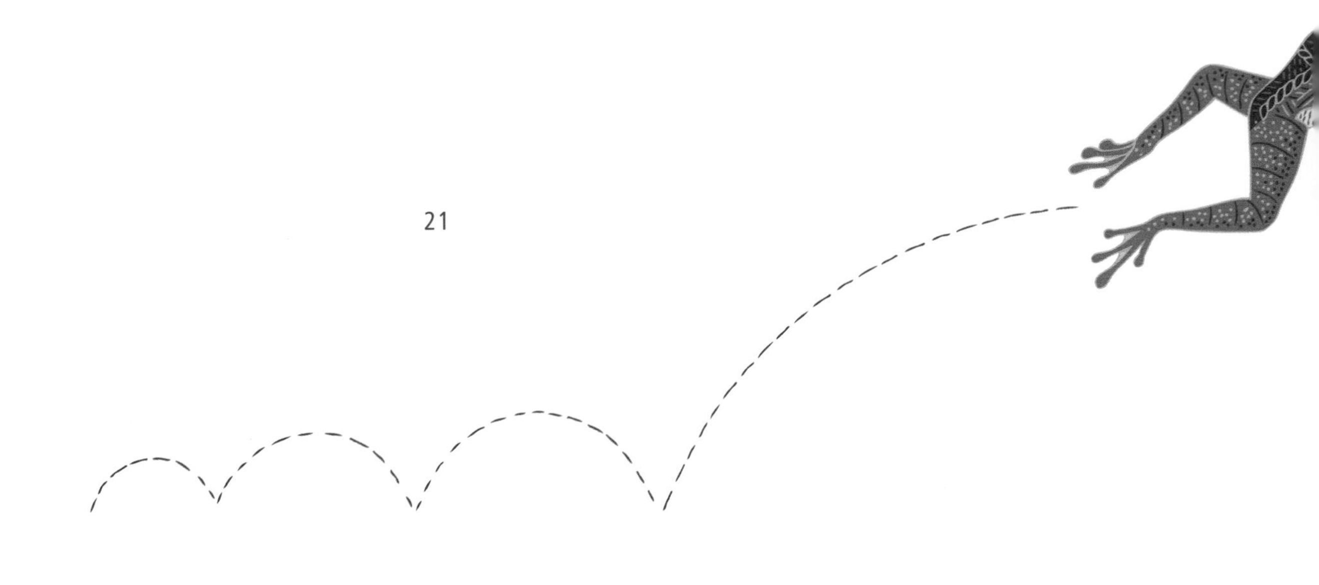

两枚蛋的力量

黑色知更鸟

今天，所有的黑色知更鸟都是同一对鸟夫妇的后代——雌鸟叫作老蓝，雄鸟叫作老黄。1769 年，詹姆斯・库克船长驶入新西兰，随船而来的家猫和老鼠摧毁了当地的黑色知更鸟种群。等到 1976 年，这种鸟仅剩下七只。自然环境保护主义者将它们转移到芒厄雷岛，为了给它们营造栖息地，还种了两万棵树。尽管如此，到 1980 年，仍有两只不幸死去，且都没有后代。

仅剩的五只鸟中，只有一对具备繁殖能力，而且它们一年最多只能生育一到两只。其中那只老蓝，年纪已经很大了——要知道，她已经比普通黑色知更鸟多活了四年。为了增加种群数量，保护主义者需要将鸟蛋安全转移，交由“养父母”孵化和抚养，从而诱使老蓝和老黄产下更多的蛋。

刺嘴莺无力喂饱小知更鸟，充当养父母失败；而大山雀成功接过了孵化的重任。可小知更鸟长大后误以为自己是大山雀，只愿意同大山雀交配。随后的解决方案是：将养父母孵化出来的小知更鸟重新交由老蓝照料。

如今，已有超过 250 只成年黑色知更鸟生活在芒厄雷岛和朗阿蒂拉岛上。

无名的猫头鹰

毛腿渔鸮

在俄罗斯东南部、中国东北部以及日本北海道的河岸林里，生活着世界上最大、最罕见的猫头鹰。雌猫头鹰的体形通常要比雄猫头鹰大四分之一，双翼展开近两米长，站立时身长超过70厘米，约等于一个三岁小孩的身高。由于它们体形庞大、耳羽醒目，在森林昏暗的光线下很容易被误认为是猞猁或者熊。

毛腿渔鸮是夜行动物，每当夜幕降临时就飞落到水边捕鱼。它们能从河里抓起体重是自己两三倍的鲑鱼，然而目前，鲑鱼遭到过度捕捞。渔鸮会不幸落入为它们铺设的网中，另外，它们还面临着栖息地被破坏、被污染等威胁。

要说服人们去保护一种他们闻所未闻的猫头鹰绝非易事。不过毛腿渔鸮找到了一位让人意想不到的盟友——东北虎，野生动物保护中的“旗舰”物种。为阻止东北虎的栖息地遭到进一步的破坏，人们请求伐木公司封锁闲置道路以限制人类进入森林，这类无名的猫头鹰也从中获得了益处。

森林里的长颈鹿

霍加狓

霍加狓那超现实的外表看起来仿佛由不同生物拼凑而成：有点像马，有点像棕色的牛，又带着些鹿的特征，腿上还长有斑马的条纹。人们为此困惑多年，只能称之为“非洲独角兽”。科学家们认为这种动物要么是驴要么是斑马，而丛林部落居民则认为它们是马。

实际上，霍加狓的近亲是长颈鹿。它有着同长颈鹿一样的深色舌头和长长的脖子，甚至连步态也同长颈鹿如出一辙：行走时身体一侧的前后肢同时向前迈，另一侧的前后肢同时着地，如此交替摆动。而其他有蹄类动物多是四肢交替着前进。

霍加狓有时被称作森林长颈鹿，它们生活在刚果民主共和国葱郁的低地雨林里。你瞧，一只霍加狓妈妈正在距离幼崽不远处的森林里觅食，她一边走一边大嚼路旁的树叶和草，甚至还采食了些毒蘑菇。为了不受毒性影响，她从被闪电烧焦的树干上啃食木炭，因为炭能消解蘑菇毒素。当霍加狓妈妈与她的幼崽进行交流时，不论是猎豹还是人都不会察觉，因为她的声音频率非常低，类似于大象、鲸和短吻鳄的声音频率。

迢迢觅食路

黄眼企鹅

黄眼企鹅是种吵闹的鸟儿，叫声尖锐刺耳，它们有个毛利语名字“Hoiho”，意思为“闹哄哄的叫喊者”。它们是新西兰特有的鸟，当地的五元钞票上都印着它们的身影。野生黄眼企鹅的数量仅剩3400只，也因此被认为是世界上最濒危的企鹅。它们的天敌主要是陆地上的白鼬、雪貂和野猫，以及海里的鲨鱼和海狮。另外，还有人类的渔船拖网。

同所有企鹅一样，黄眼企鹅在坚实的地面上行走时，一摇一摆，笨拙得很。不过，当它们潜入深水捕食时，俨然一枚枚小鱼雷，一游就是十英里[①]。待捕鱼远征告一段落，它们便挺着圆滚滚的肚子踏上归途。

夜幕降临，企鹅妈妈吃力地挪出水面，先是爬过礁石海滩，再穿越茂密的植被，短短的路程让她那粗短的腿儿走起来，堪比马拉松。这时，巢中饥肠辘辘的小企鹅们正嗷嗷待哺，满心期盼着妈妈带回来的海鱼晚餐。雏鸟年幼时，企鹅父母会轮流承担起这每日的跋涉任务，留下的一方则负责照看雏鸟。

① 1英里≈1.61千米。——译者注

坚韧的物种

查克安野猪

查克安野猪生活在格兰查科平原最干燥的地段，因此被赋予了一个奇怪的绰号——“来自绿色地狱的猪”。这片低地平原地跨玻利维亚、巴拉圭和阿根廷，周围棘刺林和仙人掌密布。这种野猪直到1975年才被人发现，它们那超大的脑袋上竖着一对毛茸茸的大耳朵，全身覆盖着硬而粗糙的棕色鬃毛，瘦腿尖足。

食用仙人掌果肉之前，它们先用鼻子把仙人掌拱倒在地上，把上面的尖刺滚掉。除仙人掌外，它们还喜欢吃坚硬多刺的凤梨科植物的根。查克安野猪的胃有两个腔，方便它们消化这棘手的食物。它们还有专门的肾来分解摄入的仙人掌中的酸。不过，它们不是真正的素食主义者，偶尔也吃些小动物，比如能为其提供矿物质的蚂蚁。

寻求“丛林野味”的猎人是查克安野猪的头号威胁。不过幸运的是，它们拥有浑身的鬃毛，这毛发不仅有利于它们藏身，还能保护它们不被棘刺丛所伤。另外，它们的小尖脚能飞快地穿过丛林，以躲避敌人的追捕。

沙漠

从撒哈拉高耸的焦橙色沙丘到戈壁滩的风蚀残山，从冰封雪覆的广袤极地到崎岖起伏的莫哈维，沙漠共同的特点就是降水稀少，有些地区甚至滴雨不落。沙漠约覆盖地表的五分之一，是地球上最不适合居住的地方之一。在沙漠中，生存尚且不易，更别谈茁壮成长了。不过，这里依旧生活着一些可爱的动物。

绝地求生

野生双峰驼

野生双峰驼是现存唯一的野生骆驼。这位一等一的求生高手练就了一身生存本领。它们居住在地跨中国北部和蒙古国南部的戈壁沙漠里。那是亚洲最大的沙漠，面积约130万平方千米。

戈壁沙漠淡水稀少，食物短缺，但野生双峰驼能将脂肪和热量储存在两个驼峰里；盐水泉是沙漠里唯一能找到的水源，双峰驼刚好拥有耐受盐水的能力。

它的毛冬天厚实蓬松，夏天便随之褪去，所以它既能忍受零下40摄氏度的冬季，也能度过气温高达50摄氏度的夏季；它那雪鞋般又大又厚的脚掌，能从容地行进在乱石嶙峋、流沙肆虐的地表；那带着超长睫毛的双层眼睑能抵御卷着沙尘的狂风。另外，它还有一对可以密闭的鼻孔，使其能在核武器试验场地周围生存下来。

新复活节兔子

兔耳袋狸

澳大利亚沙漠灼热异常，丛林白日起大火，对野生动物造成毁灭性打击。但火也可以带来生命，荡涤枯老的植被，使大地焕发新的生机。几天后，绿芽破土而出，兔耳袋狸对鲜嫩的绿芽尤其偏爱。它躲在地底深处三米长的螺旋形洞穴中，静候大火退去。待夜幕降临，它再钻出地洞，探出异常灵敏的长鼻子，呼哧呼哧地嗅探着可口的食物，竖起和兔子一样的大耳朵，时刻留心潜伏着的危险。

兔耳袋狸（Greater Bilby）名字中“Bilby”一词在澳大利亚土著语中意为“长鼻鼠”。它们曾在澳大利亚大陆上活跃了一千五百万年，而如今仅分布于澳大利亚西部沙漠和北部昆士兰地区，种群数量稀少。它们不仅遭到野猫和狐狸的攻击，连外来兔子也疯狂与之抢夺食物。

虽然魅力难挡的兔子赢得了世界各地人们的喜爱，但在澳大利亚的复活节期间，巧克力兔子正悄悄被巧克力兔耳袋狸所取代。这个由当地民众发起的复活节兔耳袋狸运动，不失为一种新的呼吁人们关注濒危动物的方法。

荒漠栖身客

戈壁棕熊

旭日东升，百兽复苏，戈壁沙漠又恢复了生机：蜥蜴、猎鹰、沙鼠、臭鼬、骆驼、北山羊都出来活动了。随着春天的到来，崎岖的山地间，一头毛茸茸的小棕熊从冬眠中醒来。饥肠辘辘的它随即外出觅食，它爱吃野生大黄根、浆果、菜芽、野生洋葱，有时也吃些啮齿动物。沙漠某处，水从地下深处冒上来，棕熊朝那儿缓缓爬去，打算畅饮一番。

戈壁棕熊，在蒙古语中又叫作“马札莱（mazaalai）”，是世界上唯一完全生活在沙漠中的熊，它们与祖先亚洲棕熊的血缘关系比其他任何种类的熊都要近。除繁殖期和母熊抚养幼崽期间，它们通常独自生活。

据了解，现存戈壁棕熊的数量不足40头，人工饲养的一头也没有。这40头不到的戈壁棕熊是这个物种仅存的血脉。然而，在这荒野深处，偷猎以及开采黄金、铜和煤炭所造成的潜在危害使它们在生存的边缘摇摇欲坠。

最孤独的物种

魔鳉

莫哈维沙漠[①]死亡谷的盐结土深处隐藏着一个魔鬼洞，这个狭长的岩洞通向一个水深150余米的小型石灰岩地下洞穴。洞穴里生活着一种体长不足一英寸却异常顽强的小生灵——魔鳉。它们是最罕见的鱼类之一，也是世界上最孤独的物种。这里，是它们唯一的家园。总说鱼离不开水，试想一下生活在沙漠深处的鱼吧！

生命在这里堪称一场耐力的壮举：魔鳉仅靠藻类为生；洞穴内水温堪比浴池，而且水中盐分高，氧气含量低，对其他绝大多数鱼类而言都是致命的。在这种条件下，你会想：这里总归没有猎食者的威胁了吧？然而，事实并非如此，近来科学家们在人工繁殖魔鳉的水池中发现，生活在魔鬼洞中的小甲虫会捕食魔鳉的鱼卵和幼鱼。

那么，魔鳉是如何沦落到这不毛之地的呢？科学家们仍没有给出答案。或许是数千万年前，它们在河流湖泊干涸之时不幸困在了这里；又或许是古时鳉鱼的近亲被鸟类带来这里，后来进化成为魔鳉。科学的探索仍旧在继续。

① 位于美国南加利福尼亚州、内华达州南部。——译者注

淡 水

从浑浊的亚马孙河到冰冷的尼斯湖，淡水栖息地遍布全球，但它们仅占地球表面的很小一部分。不过，无论是山顶寒冷的湖泊、山谷中蜿蜒的闲流、森林里潺潺的小溪，还是我们自家花园中的池塘，淡水不仅为千千万万物种创造了家园，还为它们提供了水、食物和庇护所。

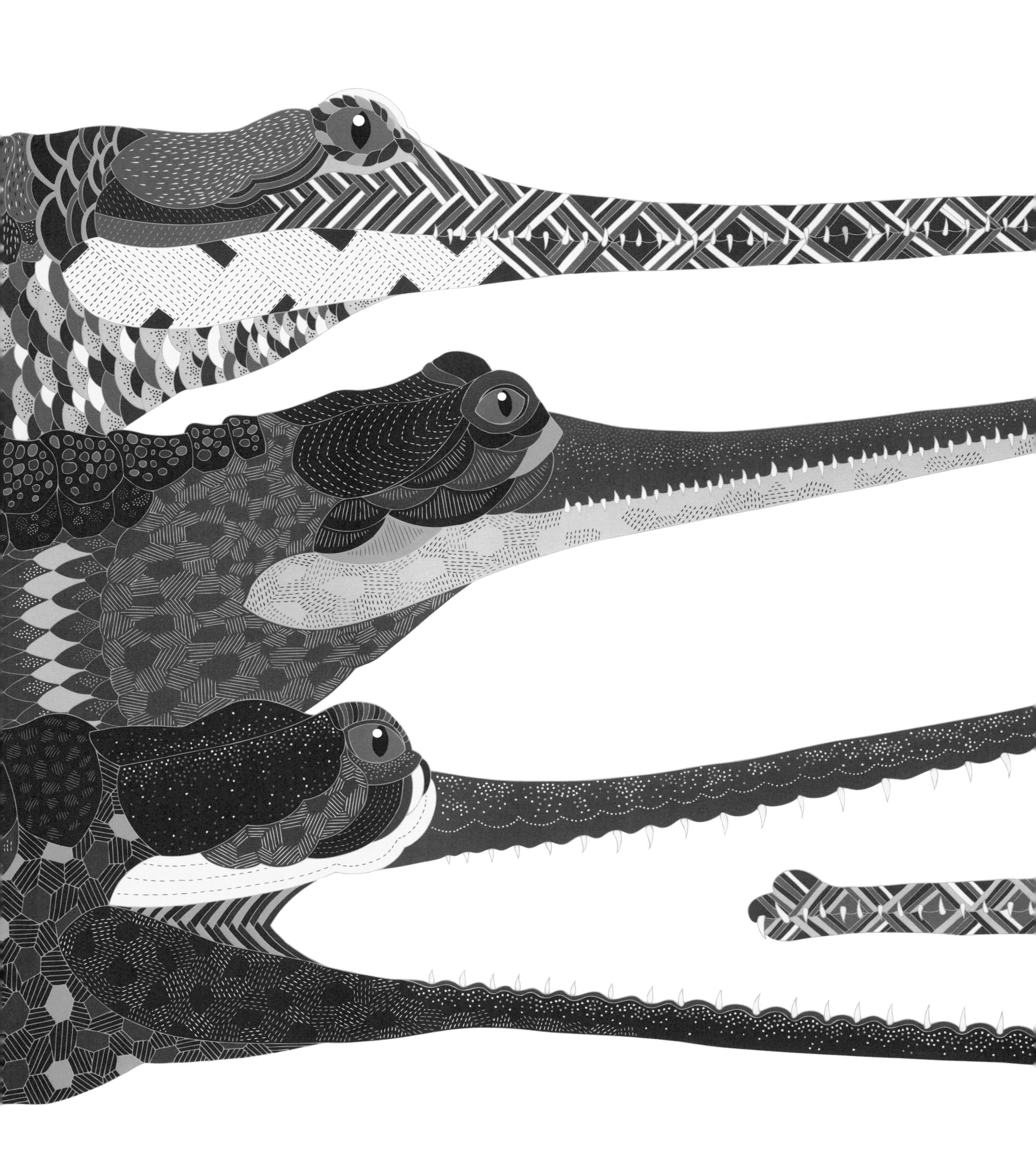

恐龙时代的遗物

恒河鳄

大约在 6500 万年前恐龙称霸地球时，一颗直径 9 千米的巨型小行星猛地撞向地球，摧毁了地球上四分之三的动植物。然而咸水鳄、淡水鳄、凯门鳄以及恒河鳄的祖先却幸存了下来。

恒河鳄是鳄鱼家族里的大家伙，雄性体形庞大，体长可达 5 到 6 米，几乎和成年大白鲨一样长。它那细长的吻随着年龄的增长变得更细更窄，吻内排列着 110 颗相互咬合的刀刃般锋利的牙齿，是水下捕鱼的利器。吻的末端长着一个形似印度壶的奇特的球状物，能发出嗡嗡声，用以吸引雌性鳄鱼的注意。求偶期间，雄鳄鱼会用其在水下吹泡泡，向雌鳄鱼示爱。

求偶是关乎恒河鳄种群兴衰的大事。以前，人们在巴基斯坦、孟加拉国、不丹和缅甸的河岸上还能看见它们懒洋洋晒太阳的身影，但如今，整个印度和尼泊尔地区却仅剩下三个具备繁殖能力的恒河鳄种群了。

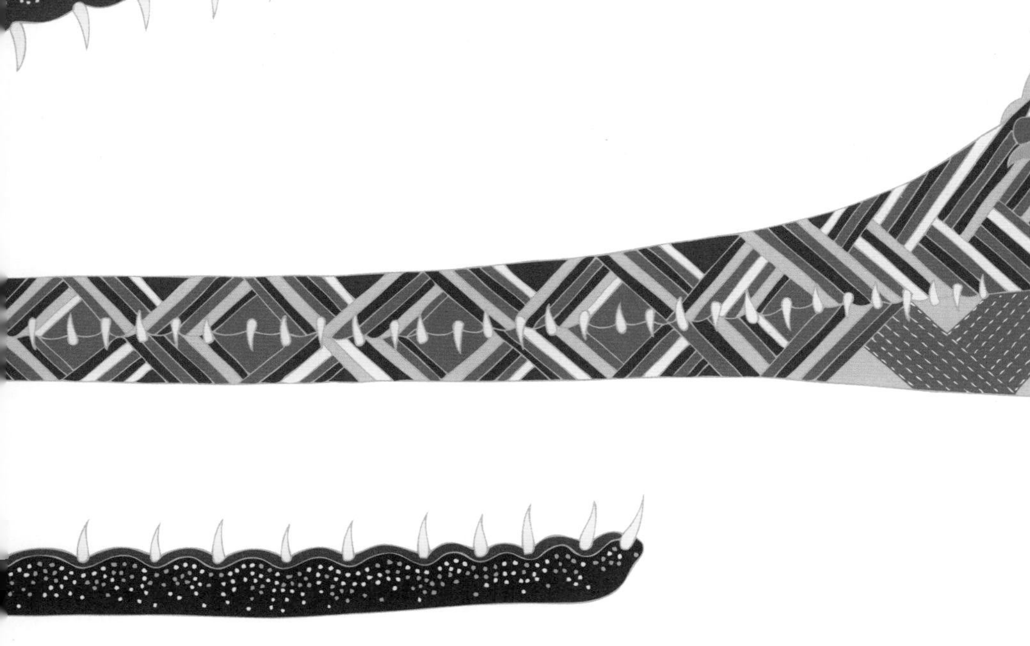

孤立而不孤单

赛马环斑海豹

赛马环斑海豹是世界上为数不多的淡水海豹之一。冰河世纪结束时，地处芬兰的赛马湖同海洋隔绝开来，自那以后，环斑海豹便进化出在淡水中生存的本领。每一只环斑海豹身上都长有独一无二的花纹，好比人类的指纹。

别看上岸时这些圆滚滚的海豹拖着一层厚厚的脂肪艰难前行，样子很是笨拙，一下海可就不一样了。它们虽然体形庞大，但那完美的流线型身体在水下却出奇地敏捷。也难怪大部分时间它们不是潜入湖里，就是漂在湖面上，甚至还在湖里睡觉。它们直挺挺地随着水波起伏，活像一枚枚软木塞。等到湖面结起一层厚厚的冰，它们便在冰上做窝，养育后代。环斑海豹的爪子非常适合抓握冰面和开凿冰洞，它们甚至还在雪堆中挖冰洞，做窝生崽。藏在冰面下的洞隐秘且温暖干燥，幼崽在里面不会受到捕食者的侵扰。

然而，随着大气变暖，气温上升，降雪受到影响，冰冷的湖岸积雪不足，致使怀孕的雌海豹无法建造庇护所。幸运的是，一群热心的自然保护主义者和志愿者充当起了人工扫雪机，一挖一铲，堆起人造积雪，为寻觅窝穴的雌海豹解了燃眉之急。

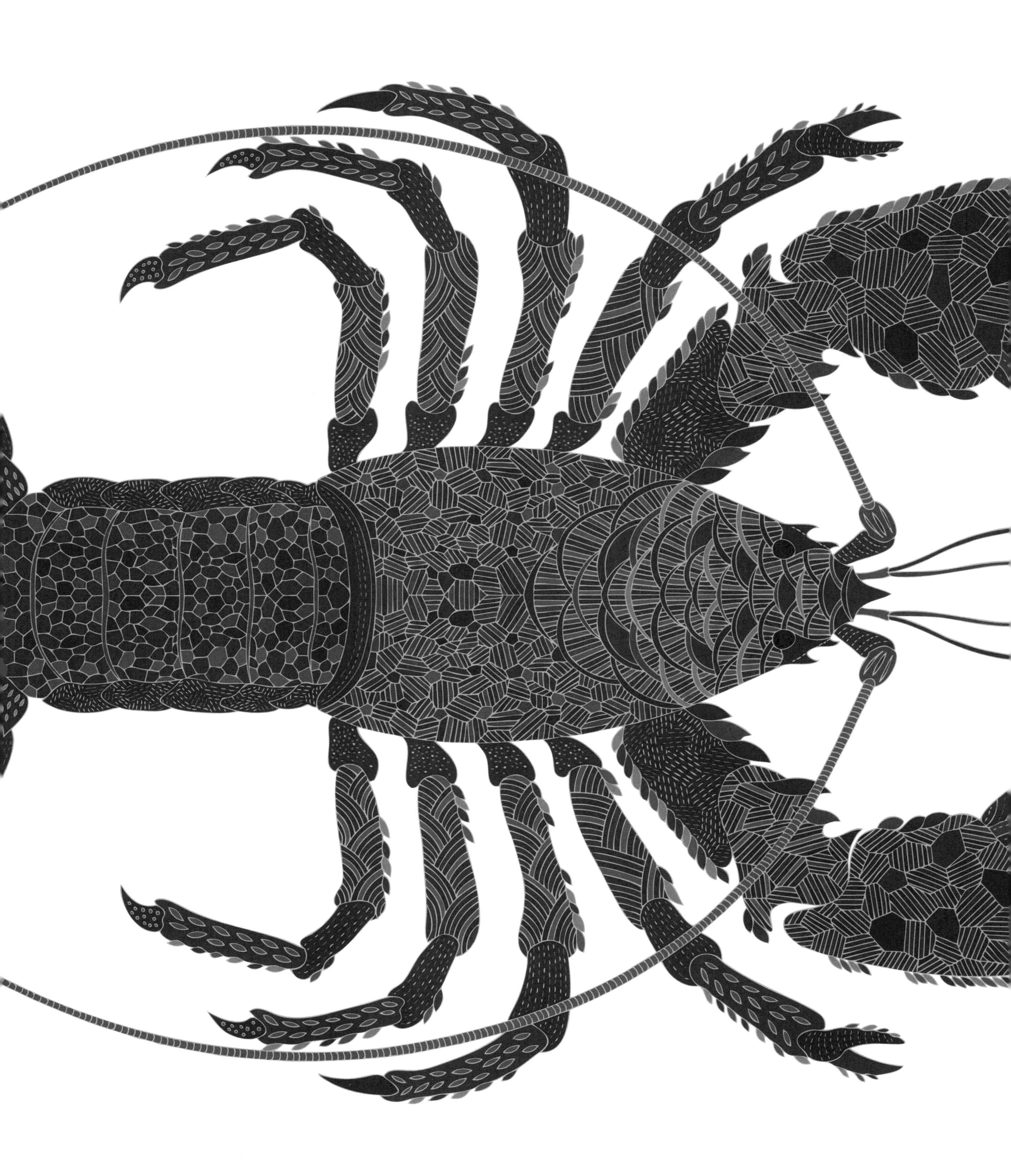

活化石

塔斯马尼亚巨型螯虾

在塔斯马尼亚岛西北偏远的雨林深处，生活着世界上最大的淡水无脊椎动物——塔斯马尼亚巨型螯虾。这种螯虾欣然接受各种各样的食物，如腐烂的木头、树叶、昆虫以及落入水中被冲到下游的动物尸体。刚出生时仅 6 毫米的它们成年后可长成杰克·罗素犬大小的庞然大物。它的螯大得能夹住你的胳膊，力气之大，足以钳断你的骨头。

塔斯马尼亚巨型螯虾在数百万年来的生息繁衍中，相貌几乎没什么变化。在不受外界打扰的情况下，一只野生巨型螯虾可以活到 60 岁。然而这一物种的繁殖速度很慢，雌性螯虾直到 14 岁才发育成熟。而且，在生命的头七年里，它们都躲在河流中的卵石缝里或小石块底下，直到体形够大，足以在开阔的水域中觅食为止。

鸟类、大鱼和人类等都将它们视作美味佳肴。如今，伐木给它们带来了新的威胁：上游林地遭砍伐，淤泥被冲入水中，堵塞了小螯虾的藏身之所，使它们无法存活。

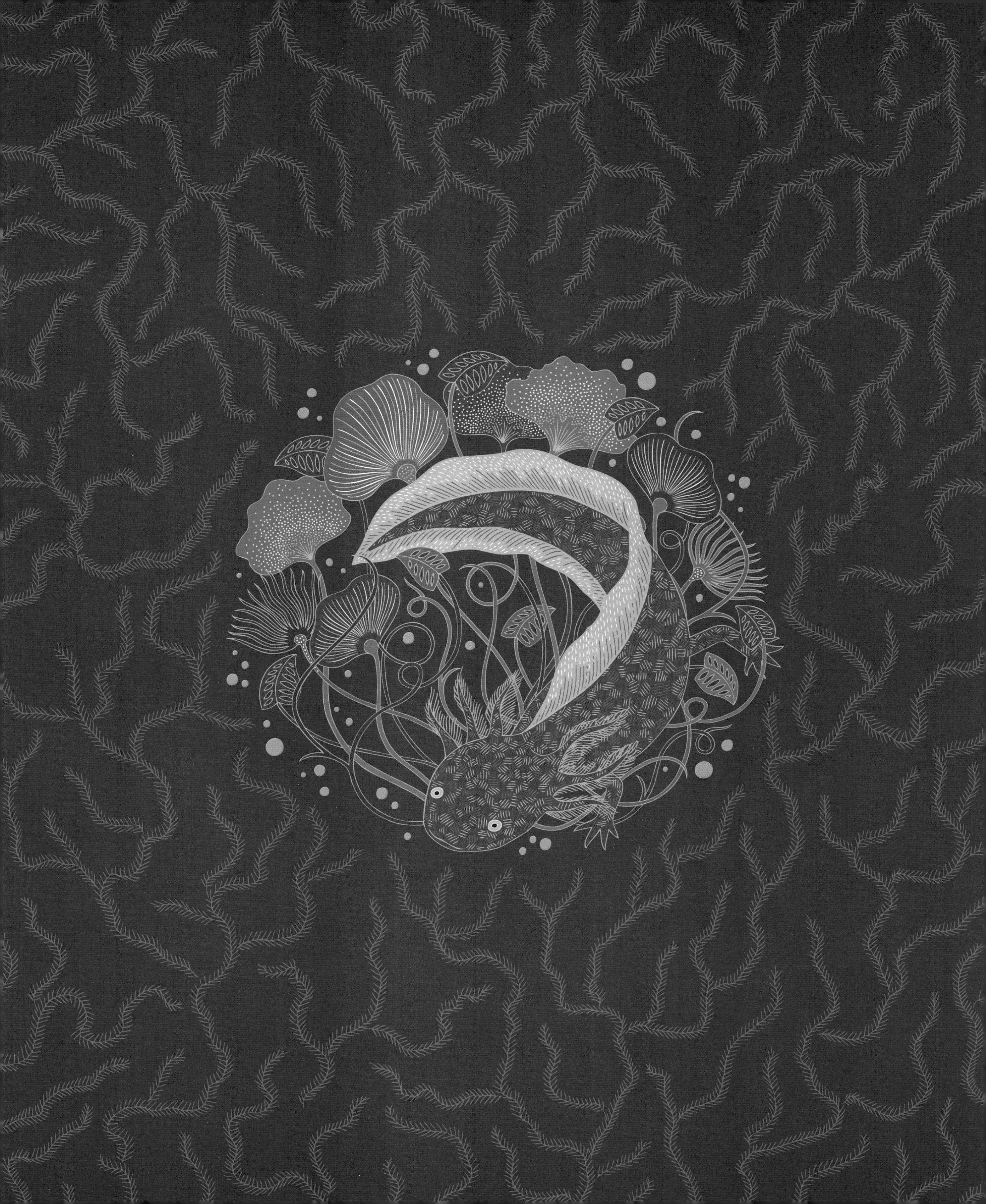

永远长不大的两栖动物

墨西哥钝口螈

霍奇米尔科湖，地处墨西哥城南部边陲，湖区浑浊的水道中，生活着墨西哥钝口螈。它的名字在古阿兹特克语中意为“水狗”。相传这“水狗”是位阿兹特克神，它伪装成一只蝾螈，借以躲避被献上祭坛。

其他蝾螈目动物也被赋予了诸如此类的有趣名字，如“小泥狗”和“鼻涕水獭”。不过，不同于其他蝾螈目动物，墨西哥钝口螈永远不会发育完全，而且是一直生活在水中。它们体长 30 厘米，长长的背鳍从脑后一直延伸至尾尖，好似一只巨型蝌蚪。它们的脑袋后面长着羽状鳃，四肢小巧可爱。

更不可思议的是，墨西哥钝口螈同蝾螈家族的其他表亲一样，四肢可以多次再生，部分内部器官，包括大脑，也可再生。正如成年墨西哥钝口螈仍然安全地生活在水下一样，这种再生功能不愧为一种出色的生存策略。然而，水体污染、物种入侵、过度捕捞以及美味的烤蝾螈小吃，正使野生蝾螈濒临灭绝。20 年前，每平方千米水域中生活着 6000 条墨西哥钝口螈，而如今，或许仅剩 35 条。

芳影难觅

栗腹鹭

有些人将栗腹鹭视作世界上最美的鸟。它们长着长矛般的喙、优雅的长脖子、别致的冠羽和耀眼的蓑羽，美得仿佛只存在于小说之中。你或许会想，长得这般俏丽，完全有理由炫耀自己，可它们却甘愿独自藏身于阴影之中，躲在中南美洲热带雨林的湿地沼泽、河流和湖泊边缘低垂的树枝底下，这些地方往往人迹罕至。

只有到了繁殖季节，这神秘的鸟儿才会从藏身处出来，炫耀自己的羽毛，从栗棕、烟灰到深红、墨绿，好一身斑斓的羽衣。与大多数鸟类不同，雌雄栗腹鹭都拥有一身绚烂的羽毛。求偶时，使尽浑身解数去赢得对方“芳心”的是雌鸟。

首先，雄鸟会将雌鸟引诱到它精心挑选的筑巢地点，紧接着就要看雌鸟能不能打动它了：只见雌鸟左右摇曳着身姿，上下张合鸟喙，轻弹尾羽，向雄鸟欠身示好。此时，雌鸟的面部颜色亦变得鲜艳绯红。雄鸟或许会剧烈地张合它那锋利的鸟喙，伸向雌鸟。最后，雌鸟靠坚持不懈赢得了雄鸟的青睐。

阴差阳错的大明星

亚洲龙鱼

亚洲龙鱼，一种热带淡水鱼，生活在柬埔寨、马来西亚、缅甸、泰国、印度尼西亚和越南的沼泽、湖泊、洪溢林以及水位较深、水流平缓的河流水域。它们在水下优雅地游动时，鳞片像彩色玻璃一样闪闪发光，叫人不禁联想到春节期间那些装饰华丽的纸龙，于是它们被赋予了一个含有吉祥之意的名字。

人们在养殖场中大规模饲养亚洲龙鱼，然而，野生龙鱼却面临灭绝。龙鱼原本只是一种普通的食用鱼，不过由于其繁殖期长，于是被列入了物种保护名单。

龙鱼属于口孵鱼类——雄鱼将小鱼含在口中，直到它们能自行游动和觅食。一旦雄鱼遭到非法捕捞，小鱼们也难以幸免，鱼群数量因此遭遇重创。国际上禁止买卖野生龙鱼，可这一禁令却营造出了龙鱼非常稀罕的错觉。一时间，它的知名度和身价飞涨，有的收藏家为了收得一条野生龙鱼，不惜一掷几千美元。

草 原

从北美到东欧、西伯利亚，从南美潘帕斯到非洲稀树草原，草原在除南极洲以外的所有大陆上均有分布。草原地势平坦开阔、降水稀少，树木无法大量生长，因而草地取代森林，成为主要植被。风吹动草海，泛起层层涟漪。热带草原全年温暖，温带草原气温各有不同。草地生长迅速，为成群饥饿的食草动物提供了丰富的食物。这里居住着世界上最大的动物，也向最小的生灵敞开怀抱。

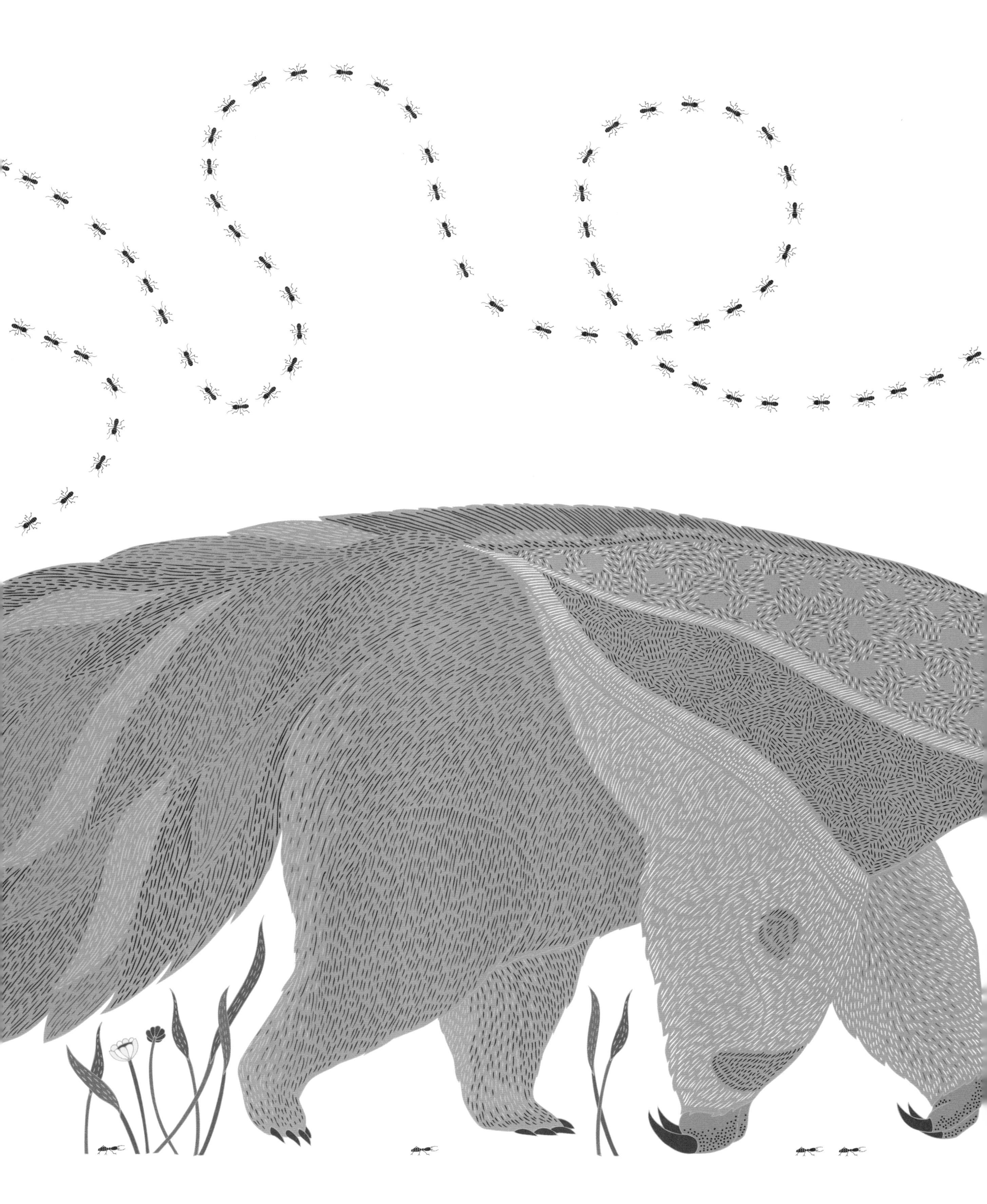

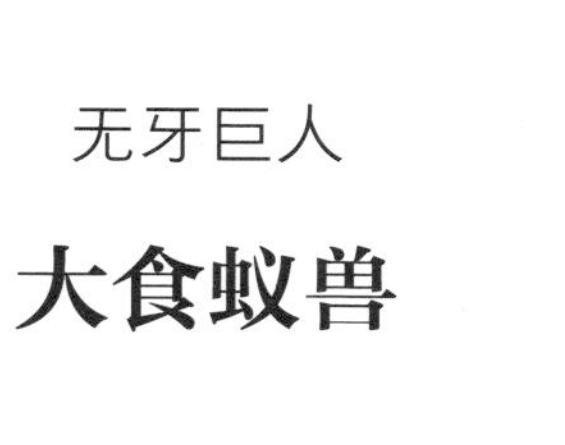

无牙巨人

大食蚁兽

大食蚁兽长相奇特，一身装备可都是为了在中南美洲草原上觅食而量身打造的。这里有数百万个白蚁土丘，有的高达5米，里头的住户对外面的危险浑然不觉。高大的草叶窸窣作响，一根细长的鼻子探了过来，嗅着空气中白蚁的气味。大食蚁兽的视力不好，嗅觉却异常敏锐——比人类的嗅觉要灵敏40倍。

土丘坚硬的外墙能帮助白蚁抵御绝大多数掠食者，却阻挡不了大食蚁兽。大食蚁兽长着强有力的前腿和长达10厘米的利爪，破墙而入不费吹灰之力。只见它一下子便将蚁丘捣出一个洞，吐出沾满唾液的长舌头，开始舔食里头的白蚁。

它的舌头长60厘米，上面覆盖着数千个小钩子。进食时，舌头每分钟伸缩150次，能灵活地舀起美味的食物。从鼻尖到尾巴末端，大食蚁兽体长超过两米，平均每天要吃掉3万只白蚁。不过，由于食物中卡路里含量低，为节省体力，大食蚁兽只能缓慢地行动。此外，它们每天要在那毛毯般的尾巴下睡上16个小时之久。

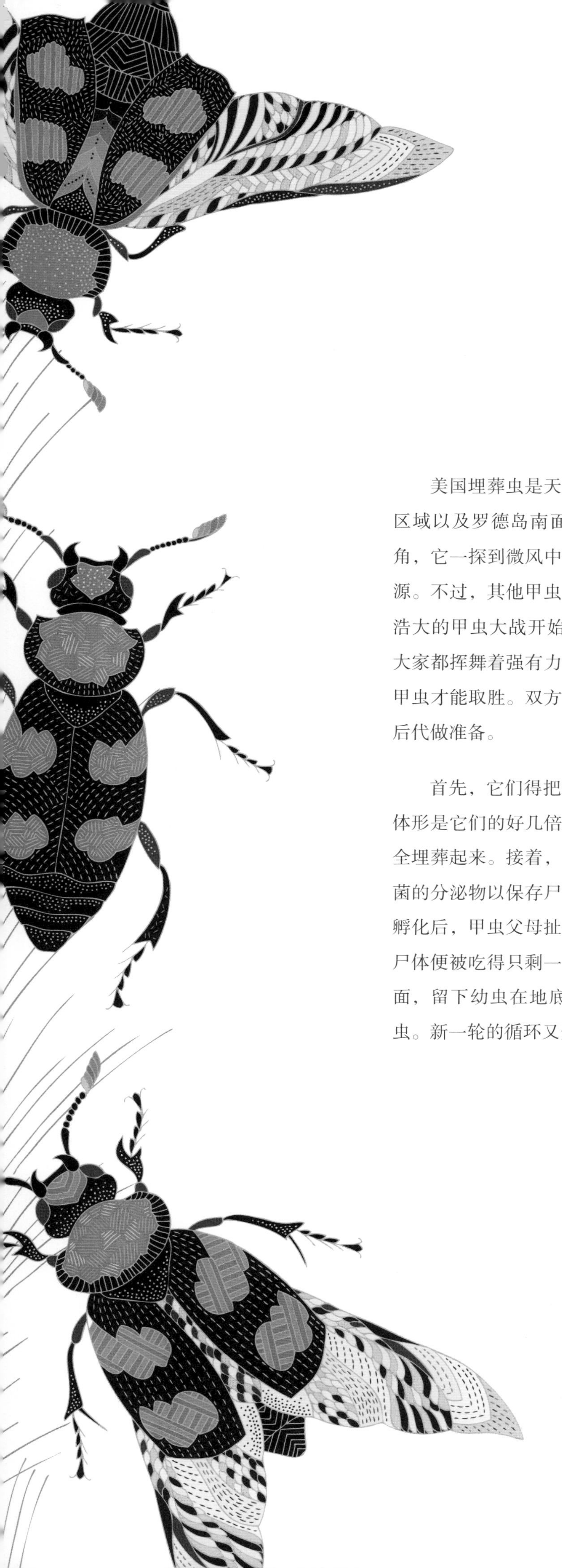

回收专家

美国埋葬虫

美国埋葬虫是天生的回收工，它们在美国中西部和南部的小块区域以及罗德岛南面的布洛克岛上处理昆虫尸体。凭借敏锐的触角，它一探到微风中飘荡的死亡气息，就即刻动身去寻找气味的来源。不过，其他甲虫也同时嗅到了这具尸体的气味，于是一场声势浩大的甲虫大战开始了。雄甲虫对阵雄甲虫，雌甲虫对阵雌甲虫，大家都挥舞着强有力的螯作为武器。在这场决斗中，只有最强壮的甲虫才能取胜。双方胜出的两只甲虫会结成繁殖搭档，携手为养育后代做准备。

首先，它们得把尸体埋起来。这绝非易事，要知道这战利品的体形是它们的好几倍。它们用脚慢慢地移动尸体，然后用土把它完全埋葬起来。接着，它们剥去尸体的皮毛，给它覆盖上一层抑制细菌的分泌物以保存尸体。雌甲虫将卵产在尸体周围的土壤中，幼虫孵化后，甲虫父母扯下尸体上的肉喂养给后代。不出一个星期，这尸体便被吃得只剩一具骨架了。任务完成后，甲虫父母连忙钻出地面，留下幼虫在地底化蛹。一个月之后，幼虫便能蜕变为成年甲虫。新一轮的循环又开始了。

独立的女性

科莫多龙

在印度尼西亚的科莫多岛上，一只小蜥蜴从蛋壳里钻出来，蹿上最近的一棵树。若它留在地面上，只会沦为成年科莫多龙的美味佳肴。小科莫多龙安全地待在远离地面的树上，以蚱蜢、蟋蟀、甲虫、壁虎，还有鸟蛋为食。四年之后，它才能爬下树，安全地在地面上生存。

科莫多龙是400万年前的巨蜥后代。它体长3米，重90千克，是世界上现存最大的蜥蜴。它双颌强劲有力，能一口猎杀水牛般庞大的猎物。即使猎物一时侥幸逃脱，也终敌不过科莫多龙下颌腺体中分泌的毒液。它能凭借其敏锐的嗅觉，追踪到8千米外猎物的尸体。

据最近一项发现，雌性科莫多龙能够在没有配偶的情况下繁殖后代。雌龙能产下15到30枚葡萄柚大小的自体受精卵，卵中孵出的小蜥蜴均为雄性。因此，哪怕仅有一只雌性科莫多龙，它也能创建一个新的种群。然而，这也意味着它之后不得不与自己的后代交配，这对基因库而言并无益处。

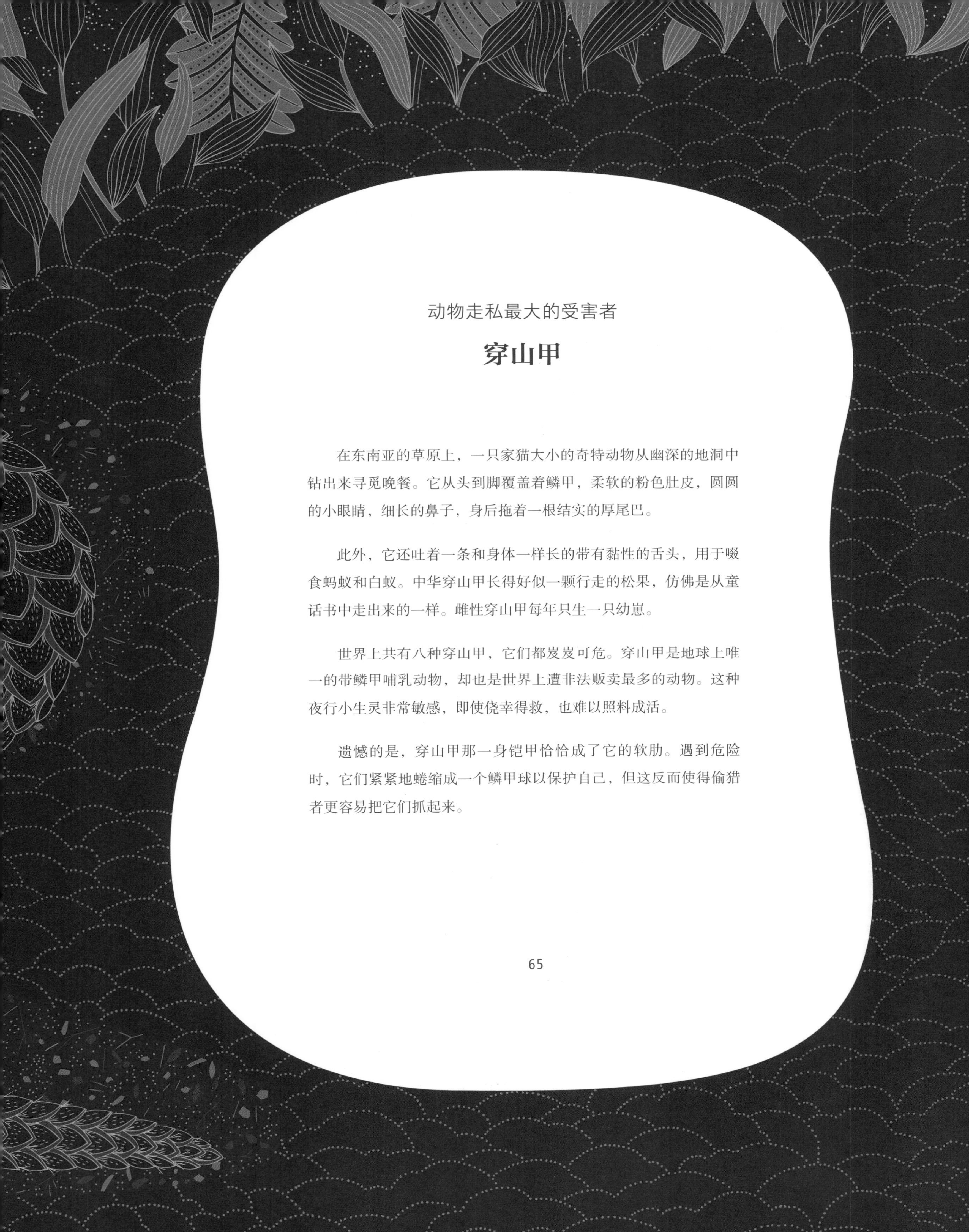

动物走私最大的受害者

穿山甲

在东南亚的草原上，一只家猫大小的奇特动物从幽深的地洞中钻出来寻觅晚餐。它从头到脚覆盖着鳞甲，柔软的粉色肚皮，圆圆的小眼睛，细长的鼻子，身后拖着一根结实的厚尾巴。

此外，它还吐着一条和身体一样长的带有黏性的舌头，用于啜食蚂蚁和白蚁。中华穿山甲长得好似一颗行走的松果，仿佛是从童话书中走出来的一样。雌性穿山甲每年只生一只幼崽。

世界上共有八种穿山甲，它们都岌岌可危。穿山甲是地球上唯一的带鳞甲哺乳动物，却也是世界上遭非法贩卖最多的动物。这种夜行小生灵非常敏感，即使侥幸得救，也难以照料成活。

遗憾的是，穿山甲那一身铠甲恰恰成了它的软肋。遇到危险时，它们紧紧地蜷缩成一个鳞甲球以保护自己，但这反而使得偷猎者更容易把它们抓起来。

意想不到的灭绝

长颈鹿

长颈鹿很少发出声音，即便出声也仅发出几声奇怪的咕噜声和哼哼声，或者低沉的嗡嗡声。

我们习惯于把长颈鹿看成非洲背景上永不消逝的一部分，但在过去 30 年里，近 40% 的长颈鹿却消失不见了。不过，近来，有一项振奋人心的发现：地球上或许存在四个不同的长颈鹿物种，而非此前认为的一个。

高大的长颈鹿素来安静平和、温文尔雅，可雄性长颈鹿打起架来却非常凶悍，尤其当它们为得到同一头雌性长颈鹿展开争斗时。

长颈鹿是如何打架的呢？那根全世界最长的脖子上顶着的硕大头骨是最重要的武器。打斗时，它们甩动头部，猛烈地攻击对方的脖子、下腹、腿和臀部。这一击接一击，雷霆万钧，足以将对手击倒在地，有时还能将其撞晕或当场击毙。最后，岿然挺立的那只长颈鹿将获得交配权。不过，这位风度翩翩的获胜者不会驱逐它的手下败将，反而会与之和睦共处。

山脉

山脉遍布地球上的各个大陆，由地壳运动形成。山中栖息地随季节更替呈现显著的变化，严冬里冰封的高山到了夏季则蜕变为铺满鲜花的茵茵草地。有的山脉终年冰封；有的烈日炎炎，崎岖荒凉，野草横生；有的覆盖着茂密的热带雨林；有的山脚草木郁郁，山顶白雪皑皑；有的则分布在海底。

亚洲独角兽[①]

中南大羚

1992 年，生物学家在越南考察野生动物时，注意到当地一户猎人家中墙上挂着微微弯曲的尖角，猎人称是山羊的角，但其实，它并不是山羊的角，而是属于另一种独一无二的动物——中南大羚，五十多年来新发现的第一种大型哺乳动物。几乎没有生物学家有幸在野外目睹过中南大羚，也没有人知道它们现存的种群数量，生物学家猜测：它们多则数百，少则仅有几十只。

1996 年，科学家威廉・罗比肖有幸同一只名为玛莎的雌性中南大羚相处三周。玛莎是被当地一位猎人捕获的，为了献给部落首领以扩充他的私人动物园。科学家被玛莎那平和的天性所吸引。才相处没几天，玛莎便愿意让科学家抚摸，甚至敢从他的手中取食。

遗憾的是，十八天后，玛莎由于人工饲养造成的营养不良不幸去世了。在她死后，我们才得知玛莎已怀有身孕。所以在那一天，世界一下子失去了两只中南大羚。其实每一只人工饲养的中南大羚，都难逃死亡的魔爪。

① 侧脸看时好像只有一只角，因此被命名为“亚洲独角兽”。——编者注

禁飞区

南秧鸟

地球上约有60种不会飞的鸟，其中16种生活在新西兰，岛上没有地面捕食者，所以这些鸟压根儿不需要飞翔——这充分验证了“用进废退”这一道理。1898年，人类来到了这片岛上，随之而来的猫、老鼠、白鼬、鹿、羊和狗对于岛上不会飞翔的鸟儿而言，无疑是个灾难。人们普遍认为南秧鸟已经灭绝了，然而，事实真的如此吗？

默奇森山脉地势陡峭，山顶白雪皑皑。山上的岩石缝间，一只胖乎乎的小鸟，约莫一只鸡大小，紧紧趴在两枚蛋上，为它们保暖。不远处，另一只鸟，正忙着用那尖锐有力的喙啄食它最喜爱的草根。这对鸟儿，周身长满孔雀蓝与橄榄绿的羽毛，鲜红的喙，似乎同荒凉背景中黯淡的色调格格不入。半个世纪以来，南秧鸟躲在这高山之上，直到1948年才被人重新发现，这着实令人喜出望外。

自那以后，人们开始人工繁殖南秧鸟。它们有的被饲养在远离捕食者的保护区内，有的则被放生到默奇森山，以增加其野外种群数量。然而，尽管努力了半个多世纪，目前野生和人工饲养的南秧鸟总数也不过375只。

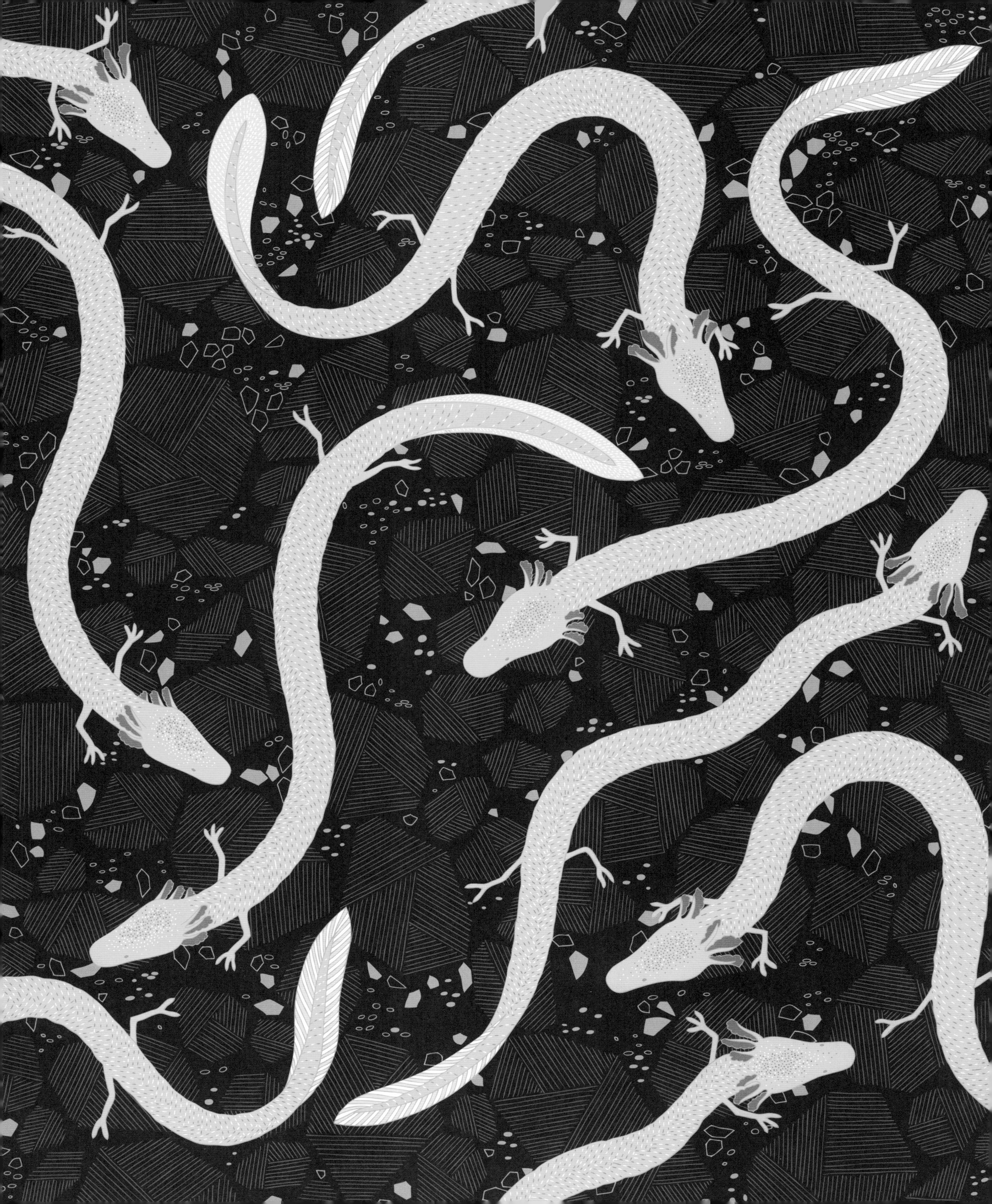

地底神龙

洞螈

这种貌似超自然的生物生活在迪纳拉山脉[1]底下的渗坑与洞穴之中。过去，每当人们看到洪水将洞螈从地底冲出来，总认为那里是龙宝宝的完美栖身之所。

洞螈一生都生活在水下，充分适应了没有光的世界。它们的皮肤上没有色素，只能看到靠近皮肤表层淡粉色的血管。洞螈像鳗鱼一样在水中游动，线条优美的身体在短小四肢的衬托下尤显细长。

据说，它们可以利用地球的磁场在黑暗中辨别方向。洞螈虽有双眼，但在漆黑的生存环境中毫无用武之地，便被一层薄薄的皮肤给覆盖了。视觉派不上用场，它们则依靠敏锐的嗅觉和听觉来寻找猎物，有时它们甚至还能利用电敏第六感，探测到螃蟹和蜗牛发出的微弱电场。

地下洞穴中往往食物稀少，令人难以置信的是洞螈可以禁食10年。更让人不可思议的是，这种成年后体长不过30厘米、体重仅20克的两栖动物寿命竟可达100年之久。

[1] 欧洲东南部的一条主要山脉。——编者注

魔法兔子

伊犁鼠兔

中国西北部的天山山脉是个绝佳的藏身之所。海拔 4000 米之上，冰天雪地，没几个人会爬到那儿去。直到 1983 年，人们才发现这里原来还生活着一种和小型豚鼠差不多大小的哺乳动物。不过，短暂露面后，它们又消失了，于是一场横跨数十年的捉迷藏游戏拉开了序幕。

可爱的伊犁鼠兔同兔子和野兔血缘最近，因而得一绰号“魔法兔子”。它们是由一位名叫李维东的自然资源保护学家率先发现的。一次偶然机会，爬了四个小时山的李维东刚停下来准备歇口气，突然惊讶地发现一团毛球从他身旁蹿过。出于好奇，他便坐下来等。不一会儿，一对毛茸茸的耳朵就从岩石的裂缝里钻了出来，紧跟着探出一张憨态可掬的脸。李维东一下子被它迷住了。

随后十年里，他和伊犁鼠兔玩起了捉迷藏游戏，他一直苦苦寻觅，而鼠兔似乎总变着法儿躲着他。直到 2014 年，一只冒冒失失的鼠兔蹦了出来，跳过李维东的脚，恰好被他拍到了。李维东终于赢得了这场游戏，这是三十多年来人们拍到的第一张伊犁鼠兔的照片。

尼尔吉里塔尔羊

印度西部群山连绵，得名“西高止山脉”。曾经的西高止山，山林、草地郁郁葱葱，是地球上生物资源最丰富的地区之一。只有在这里，你才看得到尼尔吉里塔尔羊。它们生活在自然保护区和野生动物禁猎区，是泰米尔纳德邦的象征，受到印度野生动物法案的保护。尽管如此，如今现存的尼尔吉里塔尔羊数量也不过3000只。尼尔吉里塔尔羊是强壮的巨兽，身高1米，头顶一对40厘米长的犄角。不过，话说回来，它们到底是山羊、羚羊还是绵羊呢？你们不妨称它们为岩羚羊。

雄性塔尔羊长年独自生活，它们辗转于雌性羊群之间，偶尔与小型单身雄性羊群为伴；雌性塔尔羊则带着小羊成群结队地生活。季风时节，它们聚集成更庞大的羊群，准备交配。

求偶是件非常严肃的事情，雄性往往会竭尽全力吸引潜在配偶。首先，它用它那气息浓郁、足以吸引雌性的尿液打湿自己；接下来，它会给头上那对骄人的犄角装点上一顶由泥土和草叶打造的冠冕。但是，若有两头公羊看上了同一头母羊，决斗便在所难免。打斗有时候会持续几个小时，不过终有一头要投降退出。获胜的那头公羊，外表时髦，香气袭人，开始准备求偶行动了。

苔原

苔原，广袤千里，寒冷干燥，寒风呼啸，地表寸木不生。地球上绝大多数苔原分布于北极圈内，此外，在南极洲和全球各地的高山地带，也有高山苔原分布。苔原几乎常年被冰雪覆盖，然而到了夏天，积雪消融后会成为巨大的沼泽。这时，无数候鸟会飞来这里，绿草和小型灌木抽出新芽，并迅速生长、开花，在短短五六十天里，完成它们整个生命周期。

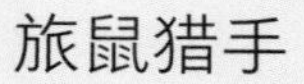

旅鼠猎手

雪鸮

威风凛凛的雪鸮大半生都生活在北极圈内，翱翔于千里苔原之上，寻觅它钟爱的食物——旅鼠。北极夏季，太阳从不落山，因此同大多数猫头鹰不同，雪鸮在白天捕猎。

这些不可思议的鸟儿找准旅鼠常在的地区，旅鼠在哪儿停留，它们的巢就筑在哪儿，这一行为在鸟类中实属少见。旅鼠不仅能为雪鸮提供食物，而且不知为何，还能促使它们繁衍后代。

雪鸮产卵的数量取决于旅鼠的数量：若是旅鼠数量不够充足，即使还有其他食物来源，雪鸮也很难繁育。旅鼠充足的年份里，一只雪鸮可产下多达 11 枚蛋。

然而，随着气候变化，北极的春天来得一年比一年早，往年干燥的粉状雪如今常常结成寒冷的冰块。旅鼠因此很难觅食，这反过来也影响了雪鸮后代的数量。

小小旅行家

勺嘴鹬

在鸟类大家族里，勺嘴鹬算得上小矮个儿了。身长仅 14~16 厘米的它长着一对乌溜溜的小眼睛，羽毛光滑，嘴如小铲刀一般。这小嘴在地球上的涉禽中可谓绝无仅有，它尤其适合筛拣泥浆中的小型无脊椎动物。

勺嘴鹬出生在地球上最偏远的地方——楚科奇半岛，那是俄罗斯东部的沿海苔原，冬季寒冷难耐、大雪肆虐，更有凶猛的捕食者虎视眈眈。这些精力旺盛的小鸟必须飞到东南亚潮湿的热带滩涂越冬，夏天再返回楚科奇半岛繁衍后代。这两地间往返距离约 16000 千米，它们靠的只有那双小小的翅膀。

由于漫漫迁徙途中赖以歇脚的滩涂遭到污染和破坏，很少有鸟儿会像鲜为人知的勺嘴鹬那样快速地奔向灭绝。幸好，有人拍到了野生勺嘴鹬孵化和抚育后代以及雏鸟从鸟巢中钻出来的画面。或许，这些浑身长着斑点羽毛，个头不比黄蜂大多少的小雏鸟会成为这个物种所亟需的公益广告代言人。

骇人的骤减

北美驯鹿

每年夏天，北美驯鹿都会沿着祖祖辈辈踏过的道路向北迁徙，去寻找食物。在它们北边的家园，哪怕是夏季，气候也极为寒冷，不过它们已经做好了充足的准备。

它们宽大的蹄子既可充当完美的雪鞋，又能作蹚水过河时的良桨和觅食时铲雪的雪犁。走路时，它们脚上的关节会咔哒作响，这声音能帮它们在能见度低的天气里找到同伴。它们的皮毛分两层：里层绒毛温暖细密，外层长毛中空隔冷。它们的眼睛在冬夏两季会呈现不同的颜色，夏天为金色，冬天则变为蓝色，能有效减少光的反射，适应冬日的漫漫长夜。它们天鹅绒般的鼻子内分布着密集的血管，能使空气进入肺部前充分受热。

一个迁徙的鹿群有成千上万只驯鹿，行进队伍浩浩荡荡。随着全球气温上升，夏季变长，驯鹿可食用的牧草增多了。鹿群也因此体重上涨，雌鹿一胎能怀上多只小鹿。然而，冬季变暖后，降雪被雨水所取代，雨冻结成冰，使许多多汁的草叶植物无法生存。雌鹿一旦缺少食物，幼崽也没法存活。即使有些侥幸活了下来，它们的体形也矮小得多，怕是拉不动圣诞老人的雪橇了。

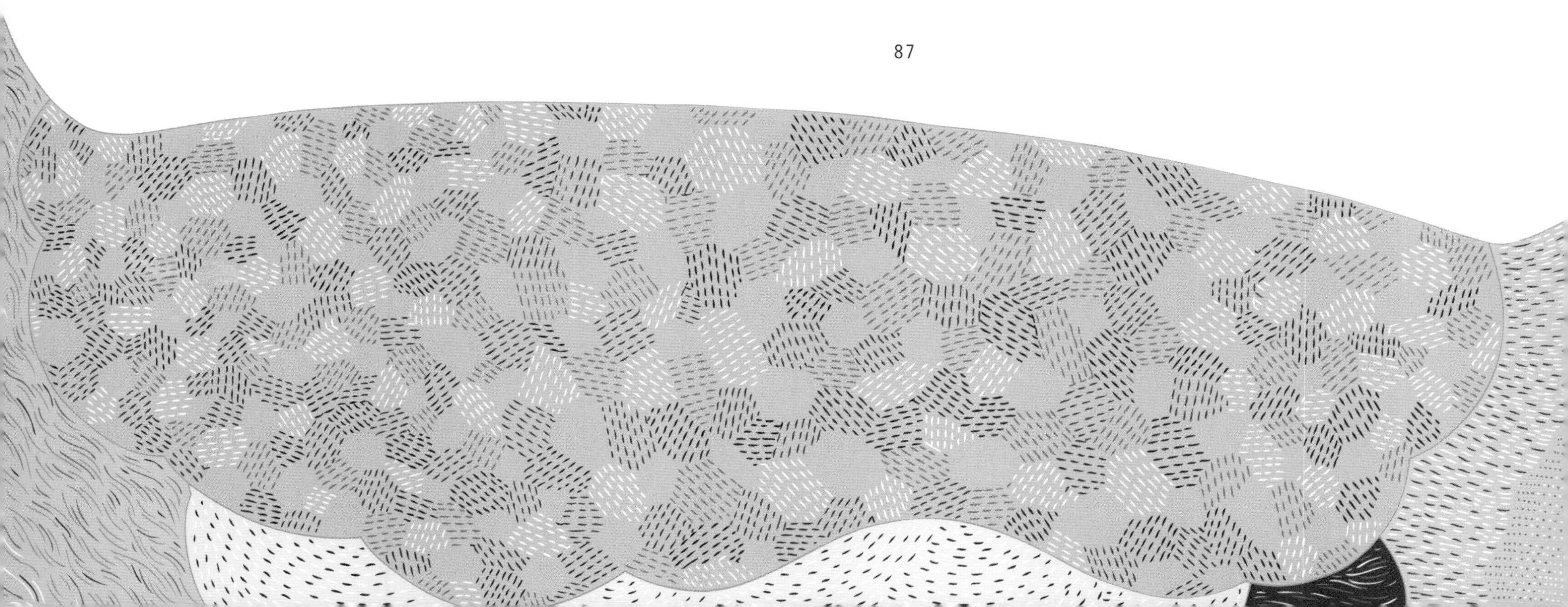

登堂入室

萨克利杜鹃黄蜂

“辛勤的蜜蜂”“勤奋的小工蜂”，人们给这些勤勤恳恳传授花粉的昆虫赋予了诸多美名。然而，并非所有的大黄蜂都善于团队合作。好比萨克利杜鹃黄蜂，它们不但不学那些蜜蜂伙伴的优良品质，反而还效仿行骗高手杜鹃鸟。杜鹃鸟总将苦差事推给别人，自己乐得清闲，它们喜欢借别人筑好的巢，靠别人抚养后代。

这种蜜蜂早已将这吃肥丢瘦的艺术发挥得淋漓尽致。首先，雌蜂必须物色一个理想的殖民地：蜂群得够大，以提供充足的保姆；但又不能太大，不然工蜂势众，反倒偷鸡不成蚀把米。它打探好目标，然后沾上点它们的气味，好助它混入蜂群。接着，它径直闯入，迅速找到蜂后，将其制服或索性杀死。随后它开始产下自己的卵，交由丝毫未起疑心的工蜂们照料。它与蜂后极其相像，纵有些细微差别，蜂巢内熙熙攘攘，也不会引起注意。

杜鹃黄蜂虽是骗子，却也是传粉昆虫。在这个依赖植物授粉获取食物的世界中，每一种传粉昆虫都至关重要，即使它是个鬼鬼祟祟的冒名顶替者。

湿 地

沼泽、泥塘、红树林、河口、滩涂、三角洲、洪泛平原……不论是咸水还是淡水，或是二者兼有，湿地上总是点缀着各种各样的植物。有的湿地是永久性的；有的则由洪水和强降雨形成，只存在一段时间。湿地大至纵横数万平方千米，小到不过半亩方塘。湿地间时常星点存在着小块陆地、小岛和恰好露出水面的堤坝。

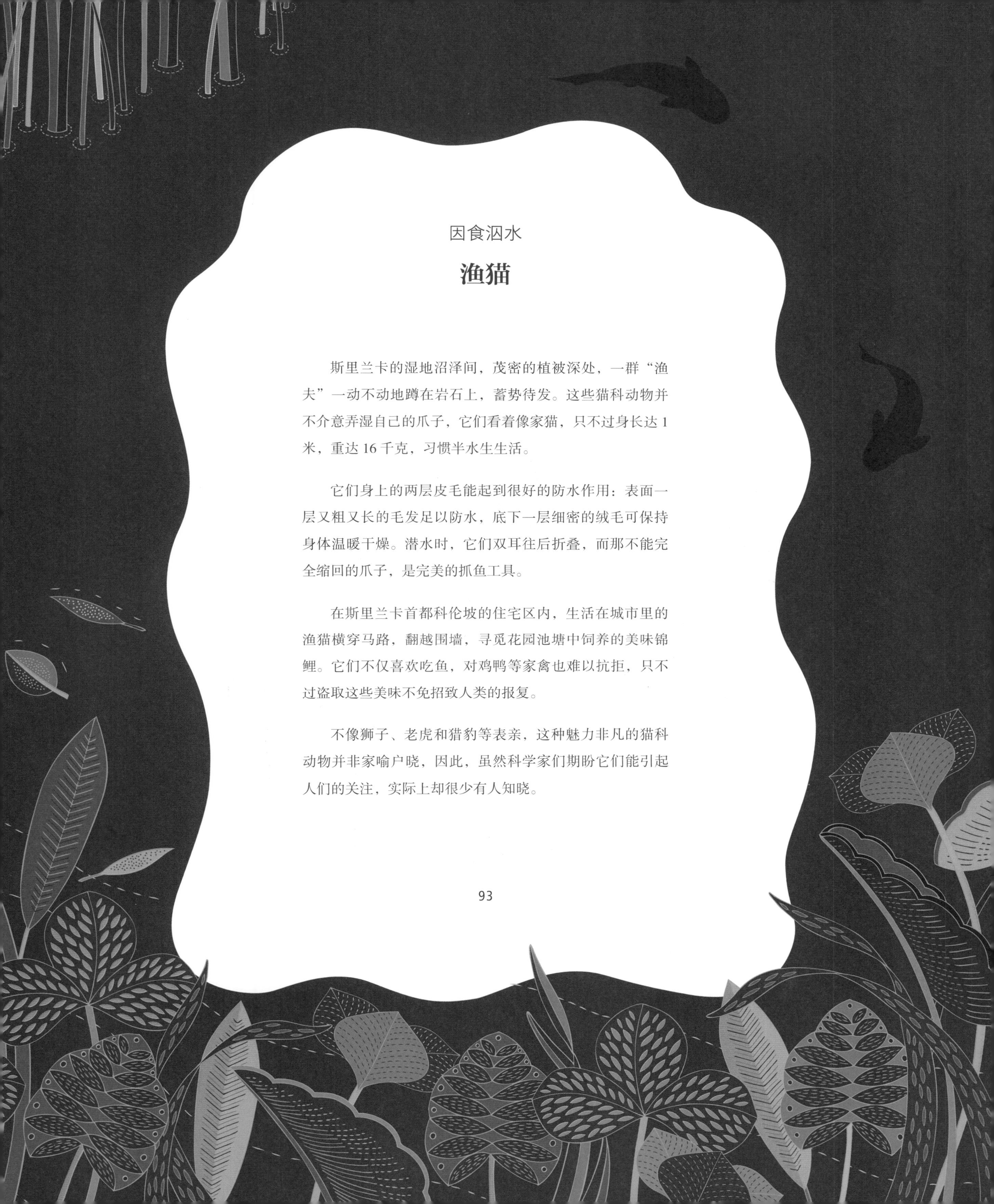

因食泅水

渔猫

斯里兰卡的湿地沼泽间，茂密的植被深处，一群“渔夫”一动不动地蹲在岩石上，蓄势待发。这些猫科动物并不介意弄湿自己的爪子，它们看着像家猫，只不过身长达 1 米，重达 16 千克，习惯半水生生活。

它们身上的两层皮毛能起到很好的防水作用：表面一层又粗又长的毛发足以防水，底下一层细密的绒毛可保持身体温暖干燥。潜水时，它们双耳往后折叠，而那不能完全缩回的爪子，是完美的抓鱼工具。

在斯里兰卡首都科伦坡的住宅区内，生活在城市里的渔猫横穿马路，翻越围墙，寻觅花园池塘中饲养的美味锦鲤。它们不仅喜欢吃鱼，对鸡鸭等家禽也难以抗拒，只不过盗取这些美味不免招致人类的报复。

不像狮子、老虎和猎豹等表亲，这种魅力非凡的猫科动物并非家喻户晓，因此，虽然科学家们期盼它们能引起人们的关注，实际上却很少有人知晓。

过度友好

侏儒浣熊

性格外向的侏儒浣熊不仅脸皮厚，还好投机取巧。它们是天生的猎食者，抓起螃蟹、青蛙和小龙虾来，不费吹灰之力。不过近来，它们找到了一种新的食物来源。

科苏梅尔岛，距离墨西哥的尤卡坦半岛约 15 千米，每每有家庭来岛屿北端野餐，周围的灌木丛中，几双小爪子便窸窸窣窣地寻来，黑色的大眼睛贪婪地盯着人们美味的食物。不一会儿，一只侏儒浣熊就厚着脸皮凑了上来，向人们索要食物。不管人类奉上什么美味佳肴，它们都一把抓过。

和人类一起野餐当然很开心，只不过吃多了人类的食物，浣熊们的腰线堪忧。另外，由于它们总聚集在人类周围，而不是分散在自然栖息地里，就很容易产生近亲繁殖的问题。

虽然脸上长着强盗面具般的花纹，但侏儒浣熊并不像它们为非作歹的北美表亲，落了个“险恶小歹徒”的坏名声。事实上，它们是一个截然不同的品种，为这个小岛所特有，是世界上最珍稀的食肉动物之一。据认为，十几万年前，科苏梅尔岛同大陆分离，侏儒浣熊便和它们的表亲隔绝开来，自那以后，它们的体形进化得更小了。如今，这些小生灵仅有原先体形的一半大小。

起死回生

象牙喙啄木鸟

我们很难准确地知道一个物种是什么时候彻底灭绝的，南秧鸟和查克安野猪似乎起死回生了。那么，60年前最后一次在阿肯色州低地沼泽森林中露面的象牙喙啄木鸟，会是另一个这样的秘密幸存物种吗？

象牙喙啄木鸟是世界第三大啄木鸟。雄鸟头上长有鲜红的羽冠，加之白色的大喙，外形格外出众，人们见到它时不禁惊呼上帝，因而得名“上帝鸟”。它们的象牙喙并非真象牙，而是同我们的指甲一样，由骨质和角蛋白构成，曾被一些美洲原住民所珍视，兴许还被用作等价交换物。

2005年，视频拍摄到的一幕使许多人相信象牙喙啄木鸟还生存着：一队生物学家驾着皮划艇在水面轻轻划过，这时，从远处传来了“哒哒”声，紧接着又传来“笃笃”声，这恰是象牙喙啄木鸟特有的叫声，像小号或是玩具车的鸣笛；随后，枝叶间掠过一道黑白相间的身影，还有一缕夺目的红色。

慢生活

侏三趾树懒

树懒动作慢可是出了名的，它们慢得以至于毛发上都长出了绿藻。这虽说不是什么吸引人的特点，却能帮助它们在绿荫家园中伪装自己。由于捕食者天生容易被动的东西所吸引，树懒慢吞吞的习性反倒使它们不易被察觉，因而能免受伤害。

侏三趾树懒是埃斯库多－德贝拉瓜斯岛特有的物种。这个加勒比小岛上没有人类居住。大约 9000 年前，小岛同大陆隔离，树懒被困在了岛上。为了在这方寸之地生存，它们的体形缩小了 40%，行动也变得更加缓慢。这或许是因为它们只吃热量低、营养贫乏的红树叶，不像大陆树懒能够采食各种各样的树叶和水果。

令人意想不到的是，这些悠闲自在的可爱生灵不仅是爬树高手，更是游泳健将。这可得归功于它们那圆鼓鼓的肚子，里头发酵了的红树叶帮助它们优雅地漂浮在水面上，它们只需狗刨式前进即可。还别说，它们在水下的速度可比在陆上快多了。

然而岛上的生活对这无忧无虑的加勒比岛民而言不再是曾经的天堂了。世界上共有六个不同的树懒品种，而侏三趾树懒是其中最濒危的一个。

肃杀的目光

鲸头鹳

想了解鸟类和恐龙之间的联系吗？看一眼鲸头鹳吧。这种鸟儿，身高 1.4 米，确实叫人不寒而栗。一张大嘴长 23 厘米，宽 10 厘米，尾端逐渐缩小为一个锋利异常的尖钩，仿佛带着慑人的笑意。它潜伏在热带沼泽里，时时留意着鲇鱼、鳗鱼、蛇、小鳄鱼，以及它的最爱——肺鱼。

捕食时，它先目不转睛地盯着猎物，灰色的眼睑缓缓地眨了眨。接着，它猛地向前一扑，叼起它的猎物，一口啄去猎物的头部。进食时，它的喙一张一合，发出像机关枪扫射似的啪嗒声。这凶恶的鸟儿有时甚至会向它瘦弱的手足下毒手，将它们啄出鸟巢。

尽管长得有点儿吓人，但在某种程度上，它们也不乏可爱之处：它们的喙十分笨拙，尤其是雏鸟拖着它走路时甚至会头重脚轻，一个劲儿地摔跟头；它们的头顶长着一撮甚具喜感的羽毛，当它们吧嗒嘴巴时，那撮毛总在头顶上晃动不已；它们的目光是那样灼热，可一点儿恶意也没有。你要是留意到这些特点，还怎么会把它们看作披着羽毛的怪物呢？

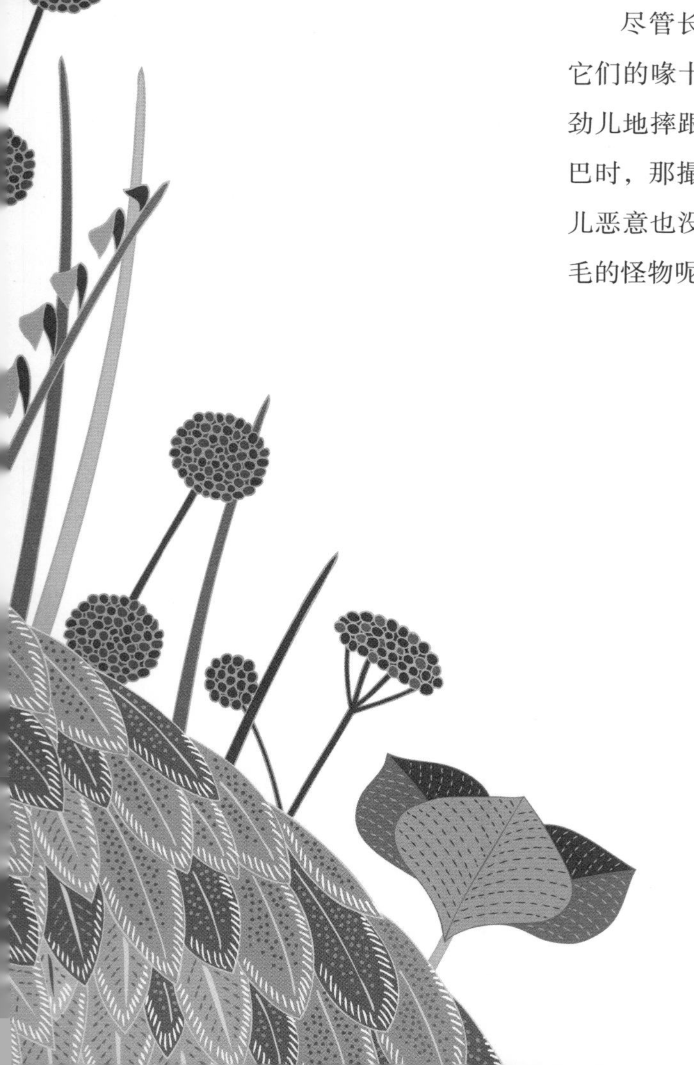

它们在哪里?

欧洲
亚洲
大洋洲
87
85
47
39
35
25
75
77
65
45
71
79
101
55
3
93
27
63
19
67
37
5
73
23
49
29
* 图中序号为书中对应页码。——编者注

威胁从何而来?

本书中的所有动物都被世界自然保护联盟列为“濒危物种”，它们在不久的将来都会面临灭绝的危险。它们分别属于《世界自然保护联盟濒危物种红色名录》中的以下三个类别之一。这本名录是世界上目前最全面的动植物物种保护名录。

易危：野生种群面临比较高的灭绝威胁
濒危：野生种群面临很高的灭绝威胁
极危：野生物种面临非常高的灭绝威胁

海洋

虎尾海马（第 3 页）
濒危等级：易危
成年个体数量：未知
分布范围：东南亚
威胁：非法捕捞、栖息地破坏

曲纹唇鱼（第 5 页）
濒危等级：濒危
成年个体数量：未知
分布范围：印度洋、太平洋
威胁：身为岩礁鱼类买卖中最昂贵的鱼之一，曲纹唇鱼极易遭到偷捕

欧洲鳗鲡（第 7 页）
濒危等级：极危
成年个体数量：未知
分布范围：欧洲、北非
威胁：水体污染、过度捕捞、非法贸易

锤头双髻鲨（第 9 页）
濒危等级：濒危
成年个体数量：未知
分布范围：东、西大西洋，印度洋，东、西太平洋
威胁：过度捕捞、被用来捕捞其他物种的商业捕鱼网缠住

海獭（第 11 页）
濒危等级：濒危
成年个体数量：未知
分布范围：加拿大、俄罗斯、日本、墨西哥、美国
威胁：原油泄漏、气候变化、疾病、捕食者

漂泊信天翁（第 13 页）
濒危等级：易危
成年个体数量：20100
分布范围：南极洲附近海域
威胁：被拖网钩住而丧命、海洋污染、气候变化、入侵物种

森林

达尔文狐狼（第 17 页）
濒危等级：濒危
成年个体数量：639
分布范围：智利
威胁：家犬和它们身上携带的疾病、栖息地丧失、狩猎、诱捕

小渡渡鸟（第 19 页）
濒危等级：极危
成年个体数量：50~249
分布范围：萨摩亚群岛
威胁：误捕、野猫和老鼠的袭击、气候变化

突角囊蛙（第 21 页）
濒危等级：濒危
成年个体数量：未知
分布范围：中南美洲
威胁：一种叫作“壶菌病”的致命疾病、森林砍伐、污染

黑色知更鸟（第 23 页）
濒危等级：濒危
成年个体数量：250
分布范围：新西兰
威胁：气候变化、恶劣天气

毛腿渔鸮（第 25 页）
濒危等级：濒危
成年个体数量：1000~2499
分布范围：俄罗斯、中国、日本
威胁：栖息地破坏、污染、捕猎、诱捕、撞到电线、食物缺乏、落入渔网

霍加狓（第 27 页）
濒危等级：濒危
成年个体数量：未知
分布范围：刚果民主共和国
威胁：栖息地丧失、非法武装团体阻碍了保护工作的展开、捕猎、掉入陷阱

黄眼企鹅（第 29 页）
濒危等级：濒危
成年个体数量：3400
分布范围：新西兰
威胁：捕食者、商业捕鱼网、气候变化、人为干扰

查克安野猪（第 31 页）
濒危等级：濒危
成年个体数量：未知
分布范围：南美洲（阿根廷、玻利维亚、巴拉圭）
威胁：栖息地破坏、疾病、捕猎

沙漠

野生双峰驼（第 35 页）
濒危等级：极危
成年个体数量：950
分布范围：中国、蒙古
威胁：非法捕猎、栖息地丧失、非法采矿

兔耳袋狸（第 37 页）
濒危等级：易危
成年个体数量：9000
分布范围：澳大利亚
威胁：野猫和狐狸等外来捕食者、栖息地破坏

戈壁棕熊（第 39 页）
濒危等级：极危
个体数量：25~40
分布范围：蒙古
威胁：环境变化、疾病、水源消失

魔鳉（第 41 页）
濒危等级：极危
个体数量：少于 200
分布范围：美国内华达州
威胁：水位下降、水流失

淡水

恒河鳄（第 45 页）
濒危等级：极危
成年个体数量：650~700
分布范围：印度、尼泊尔
威胁：捕猎、栖息地破坏

赛马环斑海豹（第 47 页）
濒危等级：濒危
成年个体数量：135~190
分布范围：芬兰
威胁：气候变化、渔网误捕、环境污染、人为干扰

塔斯马尼亚巨型螯虾（第 49 页）
濒危等级：濒危
成年个体数量：约 10 万
分布范围：塔斯马尼亚
威胁：栖息地丧失、环境恶化、非法偷猎

墨西哥钝口螈（第 51 页）
濒危等级：极危
成年个体数量：少于 1000
分布范围：墨西哥
威胁：水体污染、物种入侵、疾病肆虐、过度捕捞

栗腹鹭（第 53 页）
濒危等级：易危
成年个体数量：未知
分布范围：中南美洲
威胁：森林退化、捕猎

亚洲龙鱼（第 55 页）
濒危等级：濒危
成年个体数量：未知
分布范围：东南亚
威胁：栖息地丧失、非法捕捞

草原

大食蚁兽（第 59 页）
濒危等级：易危
成年个体数量：未知
分布范围：中南美洲
威胁：栖息地丧失、非法贸易

美国埋葬虫（第 61 页）
濒危等级：极危
成年个体数量：未知
分布范围：美国
威胁：栖息地丧失、人类光污染、杀虫剂

科莫多龙（第 63 页）
濒危等级：易危
个体数量：约 3000
分布范围：印度尼西亚
威胁：栖息地丧失、偷猎、食物减少

穿山甲（第 65 页）
濒危等级：极危
成年个体数量：未知
分布范围：亚洲
威胁：偷猎

长颈鹿（第 67 页）
濒危等级：易危
成年个体数量：68293
分布范围：非洲
威胁：栖息地丧失、非法狩猎、干旱

山脉

中南大羚（第 71 页）
濒危等级：极危
个体数量：预计少于 750
分布范围：老挝、越南
威胁：狩猎、栖息地破坏

南秧鸟（第 73 页）
濒危等级：濒危
成年个体数量：375
分布范围：新西兰
威胁：栖息地破坏、环境恶劣、近亲繁殖、猎杀

洞螈（第 75 页）
濒危等级：易危
成年个体数量：未知
分布范围：欧洲
威胁：农药和水污染、非法捕捞、宠物贸易

伊犁鼠兔（第 77 页）
濒危等级：濒危
成年个体数量：预计少于 1000
分布范围：中国
威胁：与牲畜争夺牧草、气候变暖

尼尔吉里塔尔羊（第 79 页）
濒危等级：濒危
成年个体数量：1800~2000
分布范围：印度
威胁：栖息地破坏、非法狩猎、与牲畜争夺牧草

苔原

雪鸮（第 83 页）
濒危等级：易危
成年个体数量：28000
分布范围：加拿大、中国、日本、哈萨克斯坦、俄罗斯、美国、瑞典、英国、圣皮埃尔和密克隆群岛、法罗群岛、芬兰、格陵兰岛、冰岛、拉脱维亚、挪威
威胁：气候变化，被渔网缠住，撞到电线、飞机和汽车

勺嘴鹬（第 85 页）
濒危等级：极危
成年个体数量：240~456
分布范围：亚洲
威胁：栖息地破坏、狩猎、环境污染、气候变化

北美驯鹿（第 87 页）
濒危等级：易危
成年个体数量：2890400
分布范围：加拿大、美国、芬兰、格陵兰岛、蒙古、挪威、俄罗斯
威胁：气候变化、狩猎、栖息地丧失

萨克利杜鹃黄蜂（第 89 页）
濒危等级：极危
成年个体数量：未知
分布范围：加拿大、美国
威胁：杀虫剂、栖息地丧失、气候变化、空气污染

湿地

渔猫（第 93 页）
濒危等级：易危
成年个体数量：未知
分布范围：南亚、东南亚
威胁：栖息地丧失、猎捕

侏儒浣熊（第 95 页）
濒危等级：极危
成年个体数量：192
分布范围：墨西哥（科苏梅尔岛）
威胁：栖息地丧失、捕猎、近亲繁殖、车祸、飓风

象牙喙啄木鸟（第 97 页）
濒危等级：极危
成年个体数量：1~49
分布范围：美国、古巴
威胁：栖息地破坏、狩猎、伐木、毁林造田

侏三趾树懒（第 99 页）
濒危等级：极危
成年个体数量：不足 100
分布范围：巴拿马
威胁：栖息地破坏、非法捕猎

鲸头鹳（第 101 页）
濒危等级：易危
成年个体数量：3300~5300
分布范围：非洲
威胁：捕猎、农业、火灾、干旱、污染

贡献你的一份力量

想成为真正的自然之子，帮助拯救濒临灭绝的物种吗？以下是关于你在家、学校、单位、小区乃至于全世界能做的一些事情。

- 加入野生动物慈善机构和组织。他们将举办资金募集以及各种各样精彩的活动，例如海洋保护协会每年组织的英国海滩清洁活动，你可以参与其中。或者留意大卫·谢泼德野生动物基金会每年举行的全球艺术大赛。有些组织甚至会到你的学校或俱乐部举办免费讲座或研讨会。
- 订阅野生动物组织的新闻，以便及时了解保护濒危物种的故事和活动。
- 自己举办活动，宣传你最喜欢的慈善机构，并为其筹集资金。
- 参与小区内定期举行的海滩清洁和捡垃圾等志愿活动。你还可以自己组织类似活动。这是保护当地野生动植物和生态环境的非常有效的方式。
- 传递你的声音和文字：将你所了解的濒危动物介绍给你的家人和朋友，提高他们的保护意识。
- 社交媒体是一种强有力的手段。通过它来告诉全世界你所爱的动物正面临灭绝危险。
- 做一名科学家！通过参加类似英国鸟类保护协会的“大花园鸟类调查活动”，收集家附近野生动物的数据信息。
- 尽可能地减少资源使用，更多地回收资源。
- 多步行，多骑行，少开车，以减少碳排放。
- 节约用水。刷牙时关掉水龙头。
- 切勿将有害化学物质或药物倒入马桶。
- 避免使用棕榈油。
- 尽可能地对塑料制品说不，尤其是吸管和塑料袋。购物时携带可重复使用的袋子。
- 请勿使用对环境和野生动植物有害的杀虫剂和除草剂。
- 切勿购买用濒危动物的皮毛、牙齿等制成的产品。

地球上的濒危物种不能为它们自己发声。我们作为一个共同体必须为它们说话，努力保护它们，守护它们的栖息地。一个声音或许不够响亮，但当许多声音聚集在一起时，便足以改变现状。

你还可以在线搜索有关上述任何建议的更多信息。以下网站仅供参考：

世界自然基金会：worldwildlife.org
世界野生动物救援协会：wildaid.org
地球巡逻兵：earthrangers.com
世界土地信托：worldlandtrust.org
生而自由基金会：bornfree.org.uk
大卫·谢泼德野生动物基金会：davidshepherd.org
野生动植物保护国际：fauna-flora.org
英国鸟类保护协会：rspb.org.uk
海洋保护协会：mcsuk.org
国际动物福利基金会：ifaw.org
野生猫科动物保护协会：panthera.org
野生动物保护协会：wcs.org
国际自然保护联盟：iucn.org
世界自然保护联盟红色名录：www.iucnredlist.org